交通
百科

U0721006

航空运输概览

交通百科编委会　编著

中国大百科全书出版社

图书在版编目（CIP）数据

航空运输概览 / 交通百科编委会编著. -- 北京：中国大百科全书出版社，2025. 1. --（交通运输）.
ISBN 978-7-5202-1705-7

Ⅰ. V2-49

中国国家版本馆 CIP 数据核字第 2025BQ2857 号

总　策　划：刘　杭　郭继艳
策划编辑：马　蕴
责任编辑：马　蕴
责任校对：梁嬿曦
责任印制：王亚青
出版发行：中国大百科全书出版社有限公司
地　　　址：北京市西城区阜成门北大街 17 号
邮政编码：100037
电　　话：010-88390811
网　　址：http://www.ecph.com.cn
印　　刷：唐山富达印务有限公司
开　　本：710mm×1000mm　1/16
印　　张：10
字　　数：100 千字
版　　次：2025 年 1 月第 1 版
印　　次：2025 年 1 月第 1 次印刷
书　　号：ISBN 978-7-5202-1705-7
定　　价：48.00 元

本书如有印装质量问题，可与出版社联系调换。

——— 总　序

这是一套面向大众、根植于《中国大百科全书》第三版（以下简称百科三版）的百科通俗读物。

百科全书是概要记述人类一切门类知识或某一门类知识的完备的工具书。它的主要作用是供人们随时查检需要的知识和事实资料，还具有扩大读者知识视野和帮助人们系统求知的教育作用，常被誉为"没有围墙的大学"。简而言之，它是回答问题的书，是扩展知识的书。

中国大百科全书出版社从 1978 年起，陆续编纂出版了《中国大百科全书》第一版、第二版和第三版。这是我国科学文化建设的一项重要基础性、标志性、创新性工程，是在百年未有之大变局和中华民族伟大复兴全局的大背景下，提升我国文化软实力、提高中华文化国际影响力的一项重要举措，具有重大的现实意义和深远的历史意义。

百科三版的编纂工作经国务院立项，得到国家各有关部门、全国科学文化研究机构、学术团体、高等院校的大力支持，专家、学者 5 万余人参与编纂，代表了各学科最高的专业水平。专家、作者和编辑人员殚精竭虑，按照习近平总书记的要求，努力将百科三版建设成有中国特色、有国际影响力的权威知识宝库。截至 2023 年底，百科三版通过网站（www.zgbk.com）发布了 50 余万个网络版条目，并陆续出版了一批纸质版学科卷百科全书，将中国的百科全书事业推向了一个新的高度。

重文修武，耕读传家，是我们中国人悠久的文化传承。作为出版人，我们以传播科学文化知识为己任，希望通过出版更多优秀的出版物来落实总书记的要求——推动文化繁荣、建设中华民族现代文明，努力建设中国式现代化强国。

为了更好地向大众普及科学文化知识，我们从《中国大百科全书》第三版中选取一些条目，通过"人居环境""科学通识""地球知识""工艺美术""动物百科""植物百科""渔猎文明""交通百科"等主题结集成册，精心策划了这套大众版图书。其中每一个主题包含不同数量的分册，不仅保持条目的科学性、知识性、准确性、严谨性，而且具备趣味性、可读性，语言风格和内容深度上更适合非专业读者，希望读者在领略丰富多彩的各领域知识之时，也能了解到书中展示的科学的知识体系。

衷心希望广大读者喜爱这套丛书，并敬请对书中不足之处给予批评指正！

《中国大百科全书》编辑部

——— "交通百科"丛书序

　　交通运输是人类社会的基本需求，是国民经济中基础性、先导性、战略性产业，是重要的服务性行业。铁路、公路、港口、航道、站场、邮政、民航、管道等公共设施以及各种交通运输载运工具，为人的流动和商品流通提供基本条件，是社会有效运转的基础。交通运输衔接生产和消费两端，保证了人类在政治、经济、文化、社会、军事等方面的交往和联系，在优化国家产业布局、促进经济结构调整、服务社会、改善民生、维护国防安全等方面，起到了重要的支撑和引领作用。

　　自中华人民共和国成立，中国交通运输经历了从"瓶颈制约"到"初步缓解"、从"基本适应"到"总体适应"的发展历程，快速缩小与世界一流水平的差距，在多个领域实现超越。中国已经建成全球最大的高速铁路网、高速公路网、世界级港口群，航空和海运通达全球。中国高铁、中国路、中国桥、中国港、中国快递成为靓丽的中国名片。规模巨大、内畅外联的综合交通运输体系有力服务和支撑着中国作为世界第二大经济体和世界第一大货物贸易国的运转。交通运输缩短了时空距离，加速了物资流通和人员流动，深刻改变了中国城乡面貌，有力促进了城乡一体化进程，不仅有力保障了国内国际循环畅通，也为世界经济发展做出了重要贡献。

　　为便于广大读者全面地了解各类交通运输知识，编委会依托《中国大百科全书》第三版交通运输工程学科各分支领域内容，精心策划了"交通百科"丛书。根据主要交通运输方式，编为《航空运输概览》《铁路、桥隧、机车》《公路运输总汇》《水路运输》《邮政》《中外著名港口》《管道运输和综合运输》《智能交通改变生活》等分册，图文并茂地介绍了各类交通运输方式的发展历史、现状和趋势。

希望通过《中国大百科全书》第三版大众版"交通百科"丛书的出版，帮助读者朋友广泛地了解更安全、更便捷、更高效、更绿色、更智能的交通运输系统。传播科学知识，弘扬科学精神，助力交通强国建设，带来更美好的生活！

交通百科丛书编委会

目　录

第 1 章　运输航空　1

第 **2** 章　通用航空　83

第 3 章 民用机场 115

第1章

运输航空

运输航空是指利用航空器运送旅客、货物、行李或邮件等，进行经营性客货运输的航空活动。是现代社会综合交通体系中的重要组成部分，与铁路、公路、水运和管道运输共同组成国家交通运输系统。

◆ 特征

运输航空具有服务性、国际性、准军事性、资金高、技术及风险密集性和自然垄断性六大特点。主要优点是快捷、机动性大、安全舒适、基本建设周期短、投资小以及适合国际远程运输。缺点是运营成本高、能耗大、运输能力小、技术要求严格、受气候影响大、不宜短途运输。

◆ 运营

运输类型

①从运输航空的性质出发，一般把运输航空分为国内运输航空和国际运输航空。国内运输航空是指根据当事人订立的运输航空合同，运输的出发地点、约定的经停地点和目的地点均在一国境内的运输。国际运输航空是指根据当事人订立的运输航空合同，无论运输有无间断或者有无转运，运输的出发地点、约定的经停地点和目的地点之一不在一国境

内的运输。

②从运输航空的对象出发，可分为航空旅客运输、航空旅客行李运输和航空货物运输。较为特殊的是航空旅客行李运输既可附属于航空旅客运输中，亦可看作一个独立的运输过程。航空邮件运输是特殊的航空货物运输，一级情况下优先运输，在中国，受《中华人民共和国邮政法》及相关行政法规、部门规章等调适，不受《中华人民共和国民用航空法》相关条文规范。

③包机运输。包机运输是指民用运输航空使用人为一定的目的包用公共运输航空企业的航空器进行载客或载货的一种运输形式，其特点是包机人需要和承运人签订书面的包机运输合同，并在合同有效期内按照包机合同自主使用民用航空器，包机人不一定直接参与运输航空活动。

◆ **经营形式**

运输航空企业经营的形式主要有班期运输、包机运输和专机运输。通常以班期运输为主，后两种是按需要临时安排。班期运输是按班期时刻表，以固定的机型沿固定航线、按固定时间执行运输任务。当待运客货量较多时，还可组织沿班期运

广西南宁吴圩国际机场，一架深圳航空公司客机准备装载货物（2017 年 5 月 19 日）

输航线的加班飞行。运输航空的经营质量主要从安全水平、经济效益和服务质量 3 方面予以评价。

◆ **发展趋势**

伴随着航空技术的进步和运输组织管理及服务水平的提高，特别是大型民用运输机出现后，世界民航业一直处于快速增长状态。在旅客运输方面，随着人们收入水平的提高、生活节奏的加快和消费结构的升级，运输航空以其快速、便捷、舒适、安全、机动等特点，日益成为长距离客运最重要的方式。在货物运输方面，科技含量高的新兴产业，其产品一般都具有体积小、附加值大、运输时效性要求高等特点，对运输航空具有很强的依赖性。

世界民航业呈现出一些值得关注的重要特征和趋势，使得发展格局和利益获取已经和正在发生着深刻变化：全球资源整合；竞争自由化和航空业联盟并存；放松管制和运输航空自由化；国际航空货运业重点发展；机场新的商业化运作。

运输航空的作用不仅仅在于它创造或促进的经济活动，还在于它对整个社会发展和人们生活方式的积极影响。随着居民可支配收入提高、消费结构升级以及跨区域经济密切联系，中国运输航空业务规模稳步增长，基础设施明显改善，行业市场化程度也不断提高，运输航空干线网络不断完善，支线航空发展初具规模。未来，运输航空在经济全球化的浪潮中和国际交往上更要发挥着不可替代、越来越重要的作用。

航空旅客运输

航空旅客运输是指航空公司使用民用航空器为旅客出行提供的运输

服务。与航空行李运输和航空货物运输共同构成航空运输。

◆ **基本内容**

根据航空旅客运输的出发地、约定的经停地和目的地是否在一国境内，可以将航空旅客运输分为国内航空旅客运输和国际航空旅客运输。国内航空旅客运输是指航空公司为旅客提供的出发地点、约定的经停地点和目的地点均在一国国境内的运输。国际航空旅客运输是指无论运输有无间断或者有无转运，旅客的出发地点、目的地点在两个缔约国的领土内或在一个缔约国的领土内，而在另一国的领土内有一个约定的经停地点的运输，即使该国不是缔约国。

航空旅客通常分为商务旅客和休闲旅客两大类，其中休闲旅客包括休闲度假旅客和探亲访友旅客。商务旅客和休闲旅客对于航空服务的期望存在一定的差异。商务旅客一般对时间更为敏感，对价格不太敏感，他们对办理登机和联检等手续的便捷性要求更高，同时对休息室的环境、航班的准时起飞和优质行李服务等也有较高的要

商务人士在飞机上就餐

求，并希望有大量的航班可以由他们选择，以满足出行的需要。休闲旅客主要关注的是机票价格，总是倾向于选择价格更优惠的机票，以节约出行成本。

◆ **意义和影响**

随着人们收入水平的提高、生活节奏的加快和消费结构的升级，航

空旅客运输以其快速、便捷、舒适、安全、机动等特点，在综合交通运输体系中的作用日益突出，是增长速度最快、发展潜力最大的交通运输方式。航空旅客运输不仅创造和促进了经济活动，而且对整个社会发展和人们生活方式都产生了积极的影响。同时，航空旅客运输还具有重大的政治外交作用，是实施国家全球战略的有力工具。

机　票

机票是由承运人或代表承运人所填承运旅客及行李的凭证。包括运输合同条件、声明、通知以及乘机联和旅客联等内容。又称客票或飞机票。

◆ 发展历史

机票发展经历了普通纸质机票（简称纸质票）和电子机票（简称电子票）两个阶段。纸质票由财务联、出票人联、一张至四张不等的乘机联、旅客联组成。电子票是普通纸质票的一种电子映象，是一种电子号码记录。电子票是进行机票销售的一种途径，是一种由数字和字母组成的电子号码记录，记录旅客行程的全过程，是普通纸质票的电子形式，在出票航空公司的数据库里存储有与旅客相关的信息，并可完成纸质票可以完成的功能。其使用流程为网络订票、网络支付、持有效证件登机三大环节的无纸化和电子化，便于航空公司摆脱机票代理商，推进电子商务渠道的直销。从 1994 年美国西南航空公司率先推出电子票以来，电子票就受到了航空公司和旅客的青睐，并成为重要的出票方式。2000 年 3 月 28 日，中国南方航空公司率先在国内推出电子票（本票电子票），开创了中国民航电子商务的新纪元。2004 年 9 月，海南航空公司开始使用中国第一张 BSP 电子票（中性电子票）。2006 年 11 月，国际航空运输协会全面停发 BSP 纸制票，到 2007 年年底，在全世界实现 BSP 机票 100% 电子化。自此，电子票大规模地进入了中国市场。21 世纪电子票行程单如图所示。

中国 21 世纪电子机票行程单

相对于纸质票，电子票更有着不可比拟的优势。对旅客而言，使用电子票省去了等待送票或者上门取票的时间，不会出现丢失或者损坏、忘带票等情况；对代理人而言，降低了操作风险，便于企业更加简化管理；对航空公司而言，具有节省代理费用、节约印刷成本、票款到账迅速、销售渠道扩展、人工支出缩减等优点。

◆ 作用

机票是旅客乘坐飞机、托运行李的凭证，具备提示旅客行程的作用。航空运输电子票行程单是旅客购买国内航空运输电子票的付款及报销凭证，不作为机场办理乘机手续和安全检查的必要凭证使用。

登机牌

登机牌是由承运航空公司或其委托代理方为乘坐航班旅客提供的登机凭证。旅客在提供有效证件后才能获得。又称登机证或登机卡。

登机牌正面印有机场、航空公司的名称或徽记，以及乘机人姓名、航班号、航班起讫点、座位号、舱位等级、日期与登机时间、登机口、重要提示等，如图所示。

◆ 发展历史

登机牌的发展经历了手写登机牌、印戳登机牌、磁条登机牌、二维条码登机牌等不同的形式。20 世纪 70 年代，中国开始出现了标有"CAAC"和"中国民航"字样的登机牌，这种登机牌一开始还没有航班号、登机时间等航班信息，很多登机牌上只有手写的座位号。进入80 年代，旅客数量、航班量和地面服务人员的工作量开始大幅度增长，促使登机牌告别手工填制时代，进入了高效率的盖章戳记和打印时期，登机牌上提供给旅客的信息也日趋完善，在登机牌上分别出现了航班号、飞机号、座位号和起飞时间等信息。随着改革开放的不断深入，中国民航登机牌也在悄然改变，一些登机牌上悄然出现了广告。进入 90年代后，各航空公司登机牌也纷纷告别"CAAC"标志，开始使用有自己公司标志的登机牌。20 世纪 80 年代，中国还出现过磁条登机牌。磁条登机牌自 1983 年起开始使用，需要在机场办理登机手续的柜台或值机亭安装价格昂贵的打印机和使用特殊材质的纸。因此这种登机牌的使用范围并不广泛。20 世纪 90 年代，一些运营商开始使用一维条形码登机牌，外观与百货用品上的 UPC（universal product code）条码类似，但只能够记载相对有限的数据信息。2005 年，国际航协确立标准二维条形码，即 PDF417。这种代码不受尺寸大小及可读性限制，支持多种类型的扫描仪和打印机，

部分登机牌实物图

打印出的二维条形码还支持许多安全和加密功能。2008 年，航空业订立了无纸化的手机条码登机牌标准。2009 年 4 月 8 日，中国南方航空公司在广州率先推出国内手机二维条码登机牌（BCBP）登机服务。电子登机牌无纸化登机服务是响应国际航协"简化商务、便捷旅行"号召的创新之举。2010 年 12 月 22 日，国际航空运输协会（IATA）宣布全球航空公司已经 100% 完成二维条码登机牌（BCBP）的更换。

◆ **作用和影响**

登机牌是航空公司在验证了旅客有效机票和身份证件后为旅客提供的登机凭证，旅客在安检、登机、转机时需要向工作人员出示登机牌，同时旅客根据登机牌上的信息可以快速地找到登机口，并作为登机、机上寻找座位、提取和查询托运行李的依据等，航空公司利用登机牌督促旅客及时、正确地登机，也防止别有用心之人混入飞机，保障航班安全等。因此，对于每位旅客的空中旅行安全以及航空公司航班的安全稳定运行，登机牌都扮演着重要的角色。

航空客运销售代理

航空客运销售代理是指受民用航空运输企业委托，在约定的授权范围内，以委托人名义代为销售航空旅客运输的机票及其相关业务的营利性企业。

◆ **发展历史**

航空客运销售代理的产生与航空公司机票销售方式有关。航空公司通过本国乃至世界各地的代理商把产品销售给客户，也称分销。分销能使航空公司的产品和销售达到直销所达不到的深度和广度，具有便捷、降低航空公司投入的优势。自 20 世纪 80 年代中期，中国民航引进分销系统，机票销售实行代理制，其经历了发展初期、成长期和成熟期。数据显示，2009 年中国民航的出票总额已达 2000 亿元，按照平均 90% 的代理份额，以及一张机票 3% 的佣金计算，一年下来，光是付给分销商的代理费，总额达 50 多亿元。客运销售代理已成为中国民航客运中不可分割的一部分，占有重要的市场地位。

发展初期

航空客运销售代理在发展初期以规范管理为主。1987 年，中国民用航空局以行业规章的形式下发了《国际航空运输销售代理人管理暂行规定》《国内航空运输销售代理人管理暂行规定》。这些规章对于规范销售代理人的行为，推动销售代理企业的健康发展，起到了积极的作用。销售代理企业从 1989 年的几十家发展到 1993 年的六百多家，初步形成了一个直接为民用航空运输企业服务的行业。这对于开发民用航空运输市场，降低民用航空运输企业营运成本，特别是方便旅客，提高服务质量，是十分有利的。

成长期

航空客运销售代理在监管中不断改进。1996 年，国家宏观经济在经历 1992 年以后的快速发展，迎来一个调整期，航空市场需求下滑，国内航空市场呈现供过于求现象，市场竞争加剧。1998 年 4 月 11 日，中国民用航空总局决定："国内销售代理手续费标准不得超过 3%；以中性票销售的国内票证，手续费标准可提高到 4%。禁止以'促销奖励''净价结算'等其他形式变相提高代理手续费标准。"这是行业主管部门在文件中第一次以"决定"的方式确定销售代理手续费的标准。2002年前后，航空客运市场暗扣销售和非法经营销售民航国内航班机票问题比较突出，行业主管部门联合众多国家机关，坚决打击了暗扣销售和非法经营销售国内机票的行为。

成熟期

到了航空客运销售代理的成熟期，行业主管部门不再制定销售代理支付标准，改由市场决定。2008年10月1日起，中国民用航空局以下发通知的形式，明确了航空运输企业与代理企业自行协商销售代理手续费。中国民用航空局认为航空公司与销售代理企业属于委托与代理关系，由两者公平协商销售代理手续费的标准、支付条件、奖励办法以及管理办法。2016年2月4日，民航局发布《关于国内航空旅客运输销售代理手续费有关问题的通知》。其执行的时间节点和主要特征是：取消现行的国内机票代理费的前后返政策，采用基于航段数量的参考销售舱位高低的国内客运手续费政策。

◆ 分类

航空客运销售代理可按业务范围、经营规模、经销模式进行分类。

按业务范围分

按照代理业务范围不同，民航客运销售代理可分为一类客运销售代理和二类客运销售代理。一类客运销售代理，承担国际航线或者中国香港、澳门、台湾地区航线的民用航空客运销售代理业务。一类客运销售代理需由中国民用航空总局审批，其代理人的注册资本不得少于人民币

150 万元。一类代理企业数量较少。二类客运销售代理，承担除中国香港、澳门、台湾地区航线外的国内航线的民用航空客运销售代理业务。二类客运销售代理由民航地区管理局审批，其代理人的注册资本不得少于人民币 50 万元。二类代理企业数量众多。

按经营规模分

按代理企业经营规模不同，民航客运销售代理分为大型代理、中型代理、小型代理。大型代理，年机票销售额达亿元人民币以上，一般企业组织机构较为健全，从业人员几十名以上。中型代理，年机票销售额达千万元人民币以上，一般从业人员十名以上。小型代理，年机票销售额一千万人民币以下，从业人员仅数名。销售代理市场中，中型和小型代理占大多数，大型代理较少，但大型代理所占的市场份额较大。

按经营模式分

按代理企业经营模式不同，民航客运销售代理分为批发型代理公司、差旅管理公司、在线分销，这也是航空公司通常用来区分代理类型的模式。批发型代理的优势主要为增强渠道的渗透能力、提高对市场的控制力及增强机票的产品组合能力，劣势主要为服务质量问题、恶性竞争引起市场价格混乱及盈利模式单一。差旅管理公司是专门为企业提供出差相关（机票、酒店为主）管理服务的公司，致力于为其协议企业客户提供差旅服务，并收取服务费，而不仅是依赖航空公司的代理费生存。差旅管理公司对于航空公司的价值，主要体现在高端客户和高收益两方面。在线分销为航空公司、代理人和消费者各方都带来直接好处。对于航空公司，可使分销成本降低；对于代理人，可以找到更加适合客户的方案；对于消费者，可以通过终端在线平台得到全面、公平的信息，购买适合的产品。

航空货物运输

航空货物运输是指通过航空器把货物从一地运往另一地的空中交通运输方式。简称航空货运。

◆ 特点及种类

具有运送速度快、破损率低、安全性高、空间跨度大、不受地理条件的限制、成本和运价高、运量有限、易受天气条件的影响等特点。考虑到航空货运的特点及适用性，适合航空货运的货物种类有一般货物、危险物品、活体动物、贵重物品、快递货物、优先货物、外交邮件、鲜活易腐货物、抢险救援物品等。航空货运作业现场如图所示。

上海浦东国际机场航空货运作业现场

兰州中川国际机场航空货运作业现场

◆ 发展历史

在各国航空运输发展的初期，货运成为商业航空发展的重要先导。美国早在 1910 年就开展了航空货运，当时主要是邮包。第二次世界大战结束后，航空货运在全球范围内得到迅猛发展。航空货运在全球发展不均衡，全球航空货运枢纽 50 强中，美洲有 17 家机场，其中 14 家为美国机场。以孟菲斯、安克雷奇和路易斯维尔为代表，有专业化快递公司、专业化运营货运航空枢纽的模式是航空货运枢纽发展的典范。2016年，全球航空货运枢纽 50 强排名中，中国香港国际机场排名第一，上海浦东国际机场排名第三。

◆ 发展趋势

经济全球化与区域经济一体化已成为世界经济发展的重要趋势。作为国际贸易重要而不可或缺的载体，航空货运在国际贸易中发挥着日益重要的作用。全球航空货运发展将由单一货运向运输、仓储、装卸、加工、包装、配送、信息处理等综合一体化服务的现代物流转型。电子货运将成为行业发展趋势，通过信息技术改进货运现场操作效率，实现自动化、电子化，提高货运效率、简化业务流程、降低运输成本、提高安全水平。

随着产业结构调整，使面向生产的快递迎来了新一轮发展机遇；服务业的全球布局加速了对快递业的需求；电子商务的快速发展带动了面向民生的快递服务的发展。快递成为航空货运最重要的增量市场。

航空货运在物流服务、运作模式以及经营方式等方面呈现服务综合化、运作一体化、经营联盟化、操作无纸化、空港枢纽化、多式联运化的趋势。

航空快件运输

航空快件运输是指承运人将托运人要求在特定时间内送达目的地的货物，以快捷的航空运输方式在较短的时间内送达目的地或交付收件人的运输方式。又称航空快递。

◆ 快递与航空快件运输

快递是指快递企业通过铁路、公路、航空和水运等交通方式，运用专用工具、设备及软件完成快件的揽收、信息录入、分拣、转运、投送到指定的地点或目标客户手中的物流活动。快递在时效性、方便性和信息化程度方面的要求比一般的货物运输要求高，主要采用航空、公路、铁路和水运四种运输方式。

航空快件运输一般有班机运输、包机运输、集中托运和联运四种方式。航空货物运输也越来越重视与高速铁路、公路等其他运输方式的结合，完善地面物流网络，开展多式联运，完成门到门或桌到桌的全程服务。

发展历史

航空快递业是 20 世纪 60 年代末在美国诞生的一个新的行业。由于该项服务的利润较高，所以发展速度非常快。2011 年，美国国内市场约 61% 的空运货物是快件。国际市场中，以这种运营模式为代表的航空快递公司主要有：联邦快递、联合包裹、敦豪等，历史比较悠久且产业链体系完整。这些大型快递公司拥有覆盖全球的航空和陆运网络，快捷、可靠的快递服务，通常只需 1 ～ 2 个工作日，就能迅速运送时限紧迫的货件，而且确保准时送达。

21 世纪以来，电子商务的快速发展带动了快递业的发展。中国国内快递市场以每年超过 40% 的速度保持高速增长，业务量市场规模在 2015 年时居世界第一，以顺丰、圆通、申通、中通几家公司占有的市场份额大。航空快件的数量约占快递总件数的 8.5%，在航空快件增长的支撑下保持了航空货运总量的增长，快递业务的发展为航空货运提供大量的货源，旺盛的需求拉动了航空货运业发展。

航空货运销售代理

航空货运销售代理是指受承运人委托，在约定的授权范围内，以委托人名义代为处理航空客货运输销售及其相关业务的代理人。

根据"中国民用航空运输销售代理业务资格认可证书"确定的经营范围，航空货运销售代理分为国际货运销售代理人和国内货运销售代理人。

与承运人签订销售代理协议的货运销售代理人配合承运人对外提供航班舱位预订服务，受理托运人的航班舱位预订申请；与货主签订运输合同，以集运货物方式交付给承运人，为货主提供相关服务。航空货运销售代理作为航空承运人和货主之间的纽带和桥梁，是整个航空运输环节中不可缺少的环节。

随着航空运输的发展，采用空运方式进出口货物需要办理一定的手续，航空公司一般不负责办理，因而专门承办此类业务的行业——航空货运代理企业便应运而生了。随着国际贸易竞争日趋激烈，货运代理的作用越来越明显。航空货运销售代理具有专业化咨询和专业化运作能力，并与民航、海关、商检和交通运输部门有

航空货运

着广泛而密切的联系，具备安全、迅速、准确组织进出口货物运输和代办运输手续的有关条件。同时，可以进行集中托运，使货主、承运人和货运代理三方受益；可以提高航空公司营销能力，使得航空公司的营销业务通过代理人的销售网络得到最大程度的扩张。以上优势使得货物委托代理人办理进出口货物运输比直接委托航空公司更便捷，从而也使其在市场竞争中取得优势。

航空运输服务

定期航班

定期航班是指航空公司按照对外公布的航班起讫点、航班飞行日期与时刻进行飞行，并对社会公众开放销售的航班。又称定期飞行。

◆ 分类

包括客运定期航班和货运定期航班。对于客运定期航班，航空公司通常采用客货混合型飞机，在搭乘旅客的同时也承揽小批量货物的运输。货运定期航班只承揽货物运输，大多使用全货机班机运输。因为在国际贸易中由航空运输所承运的货量有限，所以货运航班只是由某些规模较大的专门的航空货运公司，或一些业务范围较广的综合性航空公司在货运量较为集中的航线开辟。

定期航班信息

按起讫地方向不同，可以分为

去程航班和回程航班。去程航班是指从航空公司驻地出发向外飞去的航班；回程航班是指从外地飞回航空公司驻地的航班。在航空公司的航班号中的具体体现为：去程航班的航班编号最后一位数是单数，回程航班的航班编号最后一位数是双数。

按出发地、约定的经停地和目的地是否在一国境内可以分为国内定期航班和国际定期航班。国内定期航班是指航空公司为旅客提供的出发地点、约定的经停地点和目的地点均在一国境内的定期国内航线的运输航班。国际定期航班是指无论运输有无间断或者有无转运，旅客的出发地点和目的地点在两个缔约国的领土内或在一个缔约国的领土内，而在另一国的领土内有一个约定的经停地点的定期国际航线的运输航班，即使该国不是缔约国。

◆ **作用**

定期航班是航空运输的主体，中国定期航班完成的总周转量约占全部航空运输总周转量的 90% 以上。截至 2016 年底，中国各航空公司共开通国内定期航线 3055 条，比 2012 年的 2076 条增长 47.2%，定期航班国内通航城市达到 214 个。国际航线增长更为迅猛，从 2012 年的 381 条增至 2016 年底的 739 条，增长 94%。"一带一路"沿线更成为国际航班开放热点，2016 年沿线航班班次量比 2012 年增加逾 100%，每周定期航班达 4551 班。

非定期航班

非定期航班是指由于临时性需求而增加的、不列在定期航班时刻表上，而是由航空公司或销售代理人通过自有渠道向外发布的、除定期航班以外的各种商业运输航班。

◆ **基本内容**

非定期航班包括加班飞行和包机飞行。

加班飞行

加班飞行是指根据临时需要在班期飞行以外增加的运输飞行航班，比如在春运、暑运期间，航空公司会根据客运需求增加加班航班。

包机飞行

包机飞行是指根据公共航空运输企业与包机人所签订的包机合同而进行的点与点之间的不定期飞行。由包机单位提出申请，经承运人同意并签订包机合同，包用航空公司的飞机，在非固定的航线上，按约定的起飞时间、航程、载运旅客及货物等的飞行。包机类型可以分为民航包机和公务包机两大类。

民航包机主要指租用民航公司的民航客机执行非周期性的非固定航线的飞行任务。民航包机主要针对企业员工出行和旅行社团体出行等，民航包机的人均价格往往略低于同样人数单独订票的价格，价格的优势是大部分企业选择民航包机的主要原因之一。中国大部分航空公司均提供民航包机服务，如中国国际航空公司、中国东方航空公司、中国南方航空公司、春秋航空公司、吉祥航空公司等。由于民航包机业

执行包机飞行任务的国航 A330 客机

务极少，且多发生在节假日前后，多数航空公司并无专门的包机业务部门，也无飞机专门从事包机执飞任务，而大多是由普通客服热线转大客户部门进行接待，执飞也多由民航公司空闲飞机进行。

公务包机主要指租用公务机公司的公务机执行非固定航线。公务包机由专门的公务机企业提供，主要针对的是企业高管、富豪、文体界名人等。公务包机人均价格往往是同类航线头等舱价格的 10 倍以上。全程定制服务、行程私密性、自由度是选择公务包机出行的主要原因。中国国内公务包机公司主要有金鹿公务航空有限公司、亚联公务航空有限公司等。

◆ **意义和影响**

包机出行具有便捷、安全、舒适、私密的优势，同时可以节省花费在路途上的时间，特别受到高端人群的青睐，公务机已经变成了很多商务人士的移动办公室，可方便全球任何地方的合作伙伴与客户进行面对面的会谈。加班飞行和包机飞行虽然完成的航空运输量占全民航空运输量的比例较小，但能够满足旅客和货主的特殊需求，同时还可以提高航空公司的飞机利用率，以及带动相关产业的发展，能够实现较好的经济效益和社会效益。

联程航班

联程航班是指旅客从始点到达终点需要搭乘两个或两个以上航班的旅客运输方式。这些航班及航程的始点、联程点和终点均填列在一张或多张票号连续的机票上。

对于客流量较小的城市，航空公司开通航线时一般选择开通客流量需求较小的机场与某个枢纽机场之间的航线，而不直接开通两个客流量较小机场的直达航线。那么，对于客流量较小的城市，航空公司先将旅客运送到某个枢纽机场，然后旅客从枢纽机场继续前往航程的终点。可以分为国内转国内、国内转国际、国际转国内和国际转国际四种形式。

联程服务是航空公司针对购买联程机票的旅客而提供的各种人性化服务。从售票环节开始，航空公司的每个部门都会把联程旅客的姓名、人数、换乘航班情况通知后续部门。联程旅客到达联程点后，只要在到达大厅找到中转服务柜台，便会

新疆乌鲁木齐国际机场 T3 航站楼航班时刻表（2018 年 11 月 12 日）

有专人协助其提取行李、办理后续航班登机手续，通过安检。中转旅客是航空公司的重要客源。在许多枢纽机场，航空公司会为旅客提供联程航班的行李直挂服务，旅客在这些枢纽机场不需要提取行李，从而节省更多的时间。旅客乘坐联程航班，需要注意联程航班的中转衔接时间，合理规划航班间的衔接时间，避免预留衔接时间短而错过后续航班。

由于竞争日趋激烈，谁能将不同航线上的城市连接成间接航线，谁就能最大限度地占领航空运输市场。开展中转服务的航空公司航线网络发达、航班密集，可以最大限度地发挥航空运输方便、快捷的优势。

航班时刻

航班时刻是指在某特定机场，为使航空器在某一特定日期起降和飞行得以实现而获得的或者分配的进港或离港的预定时间。狭义的航班时刻仅指时间资源本身，而广义的航班时刻除时间资源外，还包括使用空管和机场基础设施的权利。又称航班起降时刻、机场时刻、机场起降时段。

◆ 影响因素

航班时刻是航班起飞和到达的时刻，要在综合考虑具体航线上的空运需求的时间分布特征、飞机的充分利用、航班之间的衔接，以及机场和航路的合理使用等因素的基础上进行安排。航班时刻是航空公司、机场、空管三大运营主体日常运行的核心要素，是整个航班运行体系中"牵一发动全身"的关键性、稀缺性公共资源。航班时刻的数量取决于它所连接的空域航路和机场设施状况，亦即机场容量和空域容量共同决定了航班时刻的供给量，需求方成为航班配置的主要影响因素。随着中国航空运输业的快速发展，有限的航班时刻资源与快速增长的市场需求之间的矛盾日益突出。

◆ 管理模式

航班起降时刻作为一种稀缺资源，世界上主要存在着两种不同的航班时刻配置模式：①混合配置模式。代表国家有美国和韩国，采用行政分配与市场分配相结合的混合配置模式。②行政分配模式。代表国家有欧盟和中国等绝大多数国家，它以国际航空运输协会（IATA）

航班时刻分配程序指南为基础，采用行政配置模式。中国航班时刻资源分配主要采取的是和欧盟国家一样的方式，即政府主导下的行政配给模式。中国民用航空局空中交通管理局（简称空管局）负责时刻的分配，由专门的时刻协调员负责实施。航空公司首先向地区管理局提出时刻申请，由空管局确定机场容量，协调员负责航班时刻的分配与协调，并上报给空管局以供审批。中国航班时刻主要采用行政化分配方式，航班时刻的获取大多遵守"祖父原则"。2015 年 10 月，中国民用航空局发布《航班时刻资源市场配置改革试点方案》，启动航班时刻资源市场配置改革试点工作。2015 年 12 月 30 日，广州白云国际机场开展以"时刻拍卖"为模式的初级市场改革试点，以竞价拍卖的形式分配了 9 组航班时刻。2016 年 1 月 20 日，上海浦东国际机场开展以"时刻抽签 + 使用费"为模式的初级市场改革试点，以抽签的方式分配了 7 对航班时刻。该项分配办法的实施表明中国航班时刻的分配不再拘泥于行政化分配方式，该项分配方式为中国航班时刻走向市场化分配道路进行了有意义的新探索。自 2018 年 4 月 1 日起，新版《民航航班时刻管理办法》（民航发〔2018〕1 号）开始实施，在航班时刻优先配置量化规则上，实现了由定性管理向定量管理的重大创新转变，明确规定了根据航空企业配置基数与时刻效能配置系数的乘积，从大到小确定优先配置次序，航空承运人按照优先配置次序在航班时刻池中选择航班时刻。该设定既吸纳了国际通用规则，又与中国民航航班时刻管理当前目标任务的实现相结合，既明确了量化规则设定，又结合本地区实际给予民航各地区管理局一定的裁量权，对航班时刻资源配置的公平、高效、竞争和廉政起到重要作用。

航空运价

　　航空运价是指旅客、行李和货物运输的价格（或应付的款项）以及适用这些价格（或应付的款项）的条件，包括代理服务和其他辅助服务的价格（或应付的款项）及条件，但邮件运输的报酬和条件除外。此定义由国际民航组织理事会在 1978 年批准的《双边运价标准条款》中正式提出。

◆ 分类

　　按照运价水平，可划分为普通运价和非普通运价。普通运价包括：①不受限制的普通运价。是指对中途分程的次数不加限制。以北京至伦敦的运价来说，即允许旅客在航程中中途分程。不受限制的普通运价又分为头等级运价、中间级运价和完全经济级运价。②受限制的普通运价。是指运价对中途分程的次数有严格的限制，不能随意增多或根本不允许中途分程。由于这一限制，故运价水平比上一个要低。非普通运价包括：①折扣运价。折扣运价是在普通运价的基础上，具体要根据旅客的不同年龄、职业、身份以及旅行的特殊目的而给予不同的优惠，如婴儿或儿童折扣、学生折扣、青年折扣、国际航协销售代理折扣等。②促销运价。是指在空运市场疲软时，航空公司为了刺激和扩大销售而使用的运价。这些运价在使用上不尽相同，不同的种类有不同的适用条件。例如，预先购买的旅游运价、节俭旅游运价、个人短期游览运价、保本运价、社会团体运价等。上述促销运价在运价表上经常被称为特殊运价。

按照运价制定方式，可划分为国际航空运输协会（IATA）运价、协议运价和承运人运价。IATA 运价是指在 IATA 运价协调会议上通过多边协商制定的国际运价；协议运价是指根据国家间的双边协议制定的国际运价，通常指定航程的经由点和承运人，其运价水平一般低于 IATA 运价；承运人运价航空公司自行制定的仅适用于本公司或两国间对飞航空公司的国际运价。

按照航程种类，可划分为单程运价和来回程运价。从运价计算的角度出发，单程是指非来回程也不是环程的航程，并且全程不一定全部是航空运输。例如：北京—新加坡—巴厘岛，是单程。来回程指从始发地出发，前往目的地，之后再返回始发地，并且全程都是航空运输的航程。来回程计算要求含有两个票价计算组，并且每一个票价计算组使用相同的 1/2 来回程票价。例如，北京—东京—纽约—东京—北京；又如，北京—香港—新加坡—曼谷—北京。以上两个航程，票价计算为来回程。

按照运价构成方式，可划分为直达公布运价、比例运价和组合运价。直达公布运价是指运价手册中公布的城市对间的直达运价，包括普通运价和特殊运价。比例运价是指由直达公布运价和给定附加值相加构成的直达运价，它适用于两点间没有直达运价的情况。组合运价是指由若干航段运价组合而成的全程运价。

按照是否公布，可划分为公布运价和非公布运价。公布运价是指运价资料上公布的两点间直达运价（PAT）。非公布运价是指航空公司自己使用的运价。

按照运价所属，可划分为多边运价、双边运价和单边运价。多边运价是指运价资料上公布的两点间直达运价（PAT）。双边运价是指两个航空公司之间签订的运价，如特殊分摊协议运价（SPA）。单边运价是指航空公司自己使用的运价。

航空运价分类见表。

航空运价分类一览表

分类标准	类型
运价水平	普通运价和非普通运价
运价制定方式	IATA 运价、协议运价和承运人运价
航程种类	单程运价（OW）和来回程运价（RT）
运价构成方式	直达公布运价、比例运价和组合运价
是否公布	公布运价和非公布运价
运价所属	多边运价、双边运价和单边运价

◆ 制定原则

航空旅客运输定价首先需要确定基本运价，根据基本运价结合舱位等级及票价结构等其他因素确定机票的销售价格，即票价（fare）。货物运费计算要考虑适用的运价和货物的计费重量两个核心因素。国际航空运价制定的程序，传统做法是各航空公司之间协商制定，然后报各航空公司所属国家的民航主管部门批准后实施，同时规定航空公司间协商制定运价应利用适当的国际运价制定机制来实现（如 IATA 统一协调运价的机制）。IATA 运价协调大会是国际航空运价工作最具权威性的组织，其成员包括世界上 200 多家航空公司，因此大会制定的运价成为国际航空业公认的运价。但是由于 IATA 票价覆盖面广，要求顾及所有承运人的利益，其运价水平往往高于承运人票价，因此这类票价主要是用于一个以上航空公司间的联程运输。

中国国内航空运价的管理经历了从政府严格管制到逐渐放松管制的反复探索过程。政府根据航空运输的社会平均成本、市场供求状况、社会承受能力确定基准价及浮动幅度。航空运价从制定到计算都很复杂，它除同承运人的收益有直接关系外，还会受到各国的航空政策、国家间的政治与贸易关系以及金融外汇、服务等因素的影响。航空运价的合理制定，使航空运输企业实行灵活的价格政策和营销策略，公平竞争，积极开拓航空运输市场，消费者也能够从中得到实惠，获得质优价廉的航空运输服务。

◆ 市场化进程

中国民航运价改革的目标是价格管理的市场化，经历了从政府严格管制到逐渐放松管制的探索过程。

第一阶段，2004 年以前。政府直接定价，企业没有自主权。

第二阶段，2004 年至 2013 年。这 10 年间，民航运价实行幅度管理。2004 年公布的《民航国内航空运输价格改革方案》规定，国内民航票价以平均每客公里 0.75 元为基准价，上浮不超过基准价的 25%，下浮不超过基准价的 45%。航空运输企业独家经营的航线票价下浮幅度不限。2010 年，机票实行上限管理，同年国内除经济舱外，头等舱、公务舱票价放开。

第三阶段，2013 年之后。2013 年 11 月，民航首次放开 31 条国内航线的价格上限，民航运价市场化改革提速，此后，实行市场调节价的航线数量逐步增加。截至 2017 年底，新增了北京—上海、北京—广州、广州—成都等热门航线，其中涉及广州的航线有 13 条。中国民用航空局、国家发展和改革委员会《关于印发民用航空国内运输市场价格行为规则的通知》于 2017 年 12 月 17 日实施。此后，民航国内航线旅客票价形成机制几经改革，票价市场化程度明显提高，对促进民航业发展发挥了重要作用，实现了旅客和航空公司双赢。

随着市场化改革的推进，航空运价市场化改革将坚持市场决定、放管结合、改革创新、稳慎推进的原则，逐步扩大民航国内航线客运领域由经营者自主定价的范围，提高民航运输企业经营自主权。有序放开民航与地面主要交通运输方式形成竞争的短途航线旅客运输票价，逐步放开多家航空公司共同经营形成竞争的航线运输票价。建立民航运价监管体系，健全市场行为规则，创新监管方式，充分利用现代化手段改进、强化监管，增强国内航线运价市场监管针对性，提高监管效能。加强民航运价事中、事后监管，为经济社会发展营造良好民航运价环境，促进中国民航运输业发展。

机票超售

机票超售是指航空公司以超过航班实际座位数量的方式销售座位的一种做法。

◆ 概念内涵

因航空公司的航班座位销售采取的是预先销售形式，已经销售的座位可能面临着旅客取消、退票或不能准时到达机场的情况。如果航空公司仅仅按照航班实际座位数量销售座位，一旦有旅客没有按照计划出行，那么航班起飞时就会有空座位，从而造成座位资源的浪费。为了避免这种浪费，航空公司在预售机票时，就会进行超售。但是由于旅客能否按照计划出行是不确定的，要是到达机场的旅客超过了航班的座位数，就会有人不能登机，这就给航空公司实施超售带来了风险。所以尽管超售的概念很简单，但要成功实现超售并不简单。

◆ **系统设置**

航空运输生产消费属于同一过程的特点，使得航空公司的座位销售从一开始就采取了预订的销售方式，这要求对座位销售进行事先控制。由于预订的旅客并非全部都能乘行，即存在放弃预订或失约现象（no-show），导致了航班座位的浪费，因此航空公司开始进行初步的超订（超售）实践。到 20 世纪 60 年代，随着订座系统逐步建立，人们开始对航空公司的订座规律进行研究，超订（超售）技术逐步走向成熟。

可超售座位数量的设置是技术含量很高的问题，科学地设置超售数需要有概率论和风险决策的相关知识基础。因为一旦超售设置太少，空座位得不到充分利用，而如果超售设置太高，就有可能有太多人到达机场而由于没有座位不能登机，因而需要找到最优的设置。要科学设置航班的座位超售量，首先需要对每个航班上的旅客是否取消、退票或不能准时到达机场的情况进行估计，并按照估计情况，考虑不同超售数量所面临的空座损失和旅客不能登机造成的成本，选择成本最低的座位超售量。

◆ 作用和影响

收益

通过超售，原来空的座位得到利用，提高了社会资源的利用水平，这对社会整体是好事。对航空公司来说，把本来可能会空的座位卖出去，可以获得更多的收入，这也是航空公司积极实施超售的动力所在。

对旅客整体来说，也是好事。超售的起源是不按计划出行的旅客造成空座浪费。因为超售可以把这些空座提供给另外需要的旅客，为这些需要的旅客提供了乘机机会。如果不进行超售，有可能发生旅客订票时订不到机票，但航班起飞时依然有空座的现象发生，旅客利益会损失。超售使得一部分旅客造成的浪费可以被另一部分旅客所利用，所以说对旅客整体是好事。

但对已购买机票而不能登机的旅客来说，这些旅客成为因为超售而造成的利益受损者，理应获得相应的补偿。但由于这部分旅客群体较小，处于弱势地位，如果航空公司没有完善的补偿制度的话，这部分旅客的利益会受损。所以航空运输管理当局需要设立相关制度，更好地保护这部分旅客的合法权益。

在到达机场的人数超过航班座位数时，航空公司也欢迎旅客成为志愿者，接受航空公司的替代安排和补偿，而把座位留给更紧急的旅客。

补偿

由于超售管理所带来的显著利益，航空公司普遍实施了超售管理，取得了明显的经济效益。但由于补偿制度不完善，超售引起的拒绝登机引起旅客不满，航空公司与旅客的冲突不断。2006年，中国国内首例机票超售诉讼案对超售管理的完善起到了促进作用。专家认为，作为一条能实现双赢的国际惯例，在大数据时代背景下，航空公司应当优化算法，以旅客利益为出发点，优化超售比例，适当提高补偿标准。这既需要民航业加深对航班超售的认识，更需要立法机关制定切实有效的规则对航班超售予以规范，在现有的法律框架内适当参考欧美国家的立法思维，创设出符合中国国情的相关航空法律制度，从而更好地保障航空消费者的合法权益，实现多方共赢的目标。

航空运输成本

航空运输成本是航空运输企业提供运输服务工作所分摊的运输费用。

民航运输企业从事航空运输、通用航空作业及机场服务等生产经营过程会发生各种生产耗费，其在一定时期内的货币表现为费用，而成本是将费用按一定的对象予以归集和分配的结果。

◆ 分类

为便于计划和控制费用支出，寻求降低费用支出的途径，在确定运输成本与通用航空成本以及机场服务费用的基础上，对成本支出按照不同的标志进行分类。航空运输成本的分类是进行成本核算的前提。

民航运输企业的成本由于企业类型的不同，可分为航空公司成本与机场成本。

航空公司成本

航空公司成本分运输成本与通用航空成本。运输成本或通用航空成本由与运输生产或通用航空作业有关的直接运营费和间接运营费构成。运输成本是指企业在执行航空运输业务、通用航空作业过程中发生的能直接计入机型成本的营运费用。直接营运费用包括空勤人员及机务人员的工资与福利费、取暖降温费、上下班交通补贴、制服费、航空油料消耗、国外加油价差、飞机发动机折旧费、修理费、保险费、航材消耗件消耗、高价周转件摊销、飞机训练费、国内外起降服务费、经营性租赁飞机的租赁费、旅客餐宿供应品费、客舱服务费、赔偿费、营运过程中货物行李损失、丢失赔偿净损失、作业准备费、作业赔偿费以及其他直接飞行费用等。通用航空成本是指不能直接计入机型成本、需按照一定办法进行分摊计入成本的费用，如工资与福利费、折旧费、办公费、水电费、差旅费、保险费、机物料消耗、制服费、劳动保护费、票证印制费、警卫消防费、职工教育经费、地面运输费、租赁费等。

机场成本

根据机场的投资及运营特点，机场的成本分为资本性成本及运行成本两部分。资本性成本（capital cost）主要是机场投资贷款或发行债券的利息，即财务费用及机场提取的折旧费用。运行成本主要是机场运营中所发生的相关费用，如人工费用、水电费、服务过程的物料消耗、设备设施的维修保养费用等。

◆ 核算

航空公司成本核算

为了加强成本管理和便于进行经济效益分析，航空公司的成本核算必须以每种机型为成本核算对象，归集直接营运费用和分配间接营运费用，再进而计算任务成本、航线成本，已达到计算和考核吨公里成本或飞行小时成本目的。具体包括运输成本及通用航空成本计算、机型成本计算、任务成本计算、吨公里成本计算和飞行小时成本计算等。

机场成本核算

机场是为航空公司飞机起降提供服务和为旅客、货物、行李、邮件进出港提供服务。因此，以每个机场所保障的飞机起降架次和旅客、货物、行李、邮件的进出港吞吐量（人次、吨）作为机场的成本核算对象，并以此对机场的成本费用进行归集和分配，从而计算出飞机标准起降架次成本和换算吞吐量成本。

随着航空业竞争的日益加剧，航空公司在市场上的生存与发展在很大程度上取决于航空公司的生产效率和成本的竞争性。航空公司对成本加以控制，借鉴国外经验，在飞机本身设计制造、维修和公司运营上完善，降低成本。在明确航空运输企业成本相关内容的前提下，更准确地归集和测算成本，为航空公司航线、航班经济效益评估、航线开辟（或进入）、航线关闭（或退出）、航线网络的选择与调整提供更可靠的数据支持，确保决策的正确性。

低成本航空

低成本航空是指通过取消一些传统的航空旅客服务，将营运成本控制得比传统航空公司低，从而可以长期大量提供便宜票价的航空公司。

低成本航空的出现，使得空中旅行变得更大众化。低成本航空公司主要经营客流量大的短程航线，多在二级机场起降，不提供免费餐食等附加服务，由于经营成本大幅压缩，低成本航空公司的票价一般低于主流航空公司。在运营方面低成本航空公司与传统航空公司的区别见表。

低成本航空公司与传统航空公司运营特点对比表

项目	传统航空公司	低成本航空公司
航线网络	中枢辐射	城市对
机型	多机型	单一机型
客舱布局	多级舱位	单级舱位
航程	中长程航线为主	短程航线为主
机上服务	全面，多样化	简单，收费
运营机场	枢纽机场为主	二级机场为主
销售模式	票务代理，直销	网络直销
机票价格	明显高于其他交通方式	多折扣，接近甚至低于其他交通方式

美国航空业自1978年放松管制后，航空运输自由化浪潮推动了低成本航空的革命。20世纪90年代，航空运输业中低成本航空迅速崛起，美国西南航空公司是低成本运营模式之父，通过采用单一机型、单级舱位、缩短中转时间、进驻二线机场以及减少机上非必要服务等措施来降低成本，以低价和准时快速的运营效率竞争取胜。90年代后，欧盟内部也兴起了低成本航空运营的热潮。亚太地区，澳大利亚、马来西亚、泰国、日本和印度等国的低成本航空公司也纷纷涌现。经过多年的发展，低成本航空在全球航空运输市场中的份额越来越高。至2017年底，全球有170多家低成本航空公司，市场份额占全球运输总量的26%。中国国内以春秋航空公司为代表的低成本航空逐渐发展成熟，中国联合航空公司、西部航空公司也转型发展为低成本航空。

在竞争中，低成本航空与传统航空不断相互融合、彼此借鉴，在发展理念和经营模式上呈现出多样化趋势。传统航空公司借鉴低成本航空的一些经验降低成本，而低成本航空公司也借鉴传统航空公司的做法，如发展一些长航线、机舱内增加一些服务项目等。

航空公司联盟

航空公司联盟是两家及以上的航空公司自发形成的各种实质性的商业合作协议的统称，是航空公司之间的一种合作形式。广义的联盟包括航空公司间各种形式的合作协议；狭义的联盟则特指战略联盟。

航空公司联盟设有专门的组织机构来统筹、推进实施联盟成员间形成的具体商业协议。航空公司形成联盟后，共享联盟品牌，实现航线网络的全球合作，拓展市场影响范围。全球航空运输业联盟的发展较快，协议合作的形式更加多元化，其中战略联盟已经对全球航空运输业形成了广泛的影响。

◆ 形成过程

航空公司间的联盟协作可以追溯到 20 世纪 40 年代末，当时航空公司之间合作主要是为了实现技术上的经济性，如共用维修库。1948 年，一些欧洲航空公司在航材、地面设备等方面开始共享，并于 1960 年正式设立"联合共享库"。自 20 世纪 80 年代以后，以营销为导向的航空公司间的联盟快速发展，到 1996 年全球已经建立了 389 个航空公司联盟。联盟协议涵盖的商业形式与内容也快速丰富起来，国际民航组织下的航空公司合作的主要形式包括：代码共享、包销、运力共享、联合服务、共同库、特许经营、租赁、地面服务、航班计划、常旅客计划、机上服务和机上设备、联合维护和修理及大修服务、联合航油采购和保险、机场设施共享、人员共享或交流，以及管理合同等。以上为航空公司在运营层面的商业协作，并且多家航空公司开始寻求更高形式的联盟合作，包括航线联营（joint venture）及股权交换等。

◆ **联盟类型**

从联盟协作程度看，航空公司联盟可分为 3 类：简单的航线联盟、大范围的商业联盟、产权联盟。简单的航线联盟仅指航空公司间的航线层面的代码共享、运力与包销等形式。大范围的商业联盟、产权联盟则是航空公司间广泛的商业合作及产权安排，也被称为"战略联盟"，因为这种方式需要企业全方位参与并做出战略层面的承诺。从参与联盟的航空公司数量上，可以将联盟分为一对一的联盟（仅指这两家航空公司的联盟）和多家航空公司联盟。从入盟航空公司合作的市场范围看，航空公司联盟分为国内联盟、区域性国际联盟和全球性国际联盟，其中全球性及区域性的联盟是联盟的主流。从航线产品类型看，航空公司联盟还可以分为互补型联盟与平行型联盟。互补型主要指成员航空公司间的航线市场重合度低，具有互补性；平行型则指成员航空公司间的航线市场高度重合，具有直接竞争性。

◆ **现状和发展趋势**

航空公司战略联盟在经过近 20 年的快速扩张后，全球形成了三大联盟（星空联盟、天合联盟和寰宇一家）为主导，价值联盟、优行联盟等几家小型联盟共存的战略联盟结构。至 2018 年，三个最主要

天合联盟徽标

的航空联盟分别有 27 家、20 家和 13 家成员航空公司，基本覆盖了全球主要的通航点。中国国际航空公司加入星空联盟，中国南方航空公司和中国东方航空公司加入天合联盟。

单纯的商业合作能否持续获益是航空公司一直权衡的问题，这也正是各大战略联盟组织自身在努力应对的问题。其中一个方面就是如何应对快速发展的航线联营现象，航空公司正在快速地形成国际市场的航线联营，从而与合作伙伴达成更为亲密的财务关系，如澳洲航空与卡塔尔航空在澳大利亚—卡塔尔航线上的合作、中国国际航空与汉莎航空在中德航线上的联营，中国南方航空与荷兰航空在中荷航线的联营等。另一方面则是低成本航空的入盟问题，由于传统全服务型航空公司与低成本航空公司运营模式的差异，因而三大联盟一直对吸引低成本航空公司入盟持谨慎态度。2016 年，8 家低成本航空公司成立了自己的联盟组织——价值联盟。

星空联盟徽标

飞机租赁

飞机租赁是指出租人在一定时期内把飞机提供给承租人使用，承租人按照租赁合同向出租人定期支付租金。出租人拥有飞机的所有权，承租人拥有飞机的使用权。

随着航空公司对飞机的需求日益加大，飞机租赁成为航空公司扩充和更新机队的重要方式。飞机租赁增加了航空公司的融资渠道、降低运营成本，同时为租赁公司、银行等提供了新的投资品种和方向，也促进了飞机制造商的销售业绩。

◆ **发展历史**

具有现代融资意义的飞机租赁业开始于 20 世纪中期的美国，随后在西方发达国家中发展起来，并逐步为世界上多数航空公司所采用。全球飞机融资租赁市场持续扩张，全球飞机机队规模中租赁比例达到 40%以上。截至 2018 年，全世界主流飞机租赁公司共有 20 家，机队规模占飞机租赁机队的 80% 以上。中国航空租赁起步较晚，1980 年在中国国际信托投资公司的推动下，中国民航总局和美国劳埃德银行合作，从美国汉诺威尔制造租赁公司租赁一架波音飞

中国南方航空股份有限公司从法国图卢兹租赁的空客 A380 飞机准备降落在天津滨海国际机场（2013 年 3 月 2 日）

机，标志着中国飞机融资租赁业务的建立。2006 年，国银金融租赁有限公司成功为中国东方航空公司引进了一架空客飞机，中国国内第一笔飞机融资租赁业务成功完成。本土租赁公司在中国飞机租赁市场中扮演着越来越重要的角色，而且发展迅猛。2013 年，中国首单空客 A380 融资租赁引进业务在天津完成。

◆ **租赁形式**

融资租赁

融资租赁是指出租人（租赁公司）购买承租人（航空公司）选定的

飞机,享受飞机所有权,并在一定期限内将飞机出租给承租人有偿使用。租期基本接近飞机的使用寿命或折旧寿命,是航空公司使用租赁的主要方式。

经营租赁

经营租赁是一种以提供飞机短期使用权为特征的租赁形式。出租人根据市场需求,选择通用性较强的飞机,在一定的期限内供承租人选择租用,以回收投资成本和风险报酬。

◆ 发展趋势

全球来看,飞机租赁占新飞机交付的比例逐年攀升,预计 2020 年将上升到 50%。飞机租赁已形成了一套完整的产业链,爱尔兰、新加坡等国家凭借其自身的地理位置和政策优惠成为世界重要的航空租赁基地。中国航空业正处于黄金发展时期,未来 20 年间中国将需要大量新飞机,将带动全球飞机融资租赁市场的发展。

机　组

机组由航空器经营人委派在飞行期间的航空器内担任职务的人员组成。

◆ 组成人员

民用航空器机组由机长和其他空勤人员组成。机长是航空器机组的负责人,应当由具有独立驾驶该型号民用航空器技术和经验的驾驶员担任。通常,机组又分飞行组和乘务组。机组的组成和人员数额,应当符合民用航空主管部门的规定。

◆ **职责与规定**

飞行组

飞行组由持有执照、担任的主要职务是操纵飞行期间的航空器的机组成员组成。《国际民用航空公约》附件 1 第 1.2.1 条规定："除非持有该航空器登记国或者任何其他缔约国签订的、由该航空器登记国认可的符合本附件的规格并与其职务相适应的有效执照，任何人不得充任航空器飞行组成员。"

在执行飞行任务期间，机长负责领导机组的一切活动，保证其航空器遵守关于航空器飞行和运转的现行规则和规章，并对航空器及其所载人员和财产的安全负责。由于机长的责任重大，需要赋予机长相应的权力。航空器内全体人员服从机长命令，听从机长指挥，维持航空器内的严明纪律和正常秩序，以保障机长履行职责，果断采取一切必要的合理措施，正确处置意外事故和突发事件，全面地完成所肩负的任务。

《中华人民共和国民用航空法》第四十三条第二款规定："机长应当由具有独立驾驶该型号民用航空器的技术和经验的驾驶员担任。"第五十一条规定："飞行中，机长因故不能履行职务的，由仅次于机长职务的驾驶员代理机长；在下一个经停地起飞前，

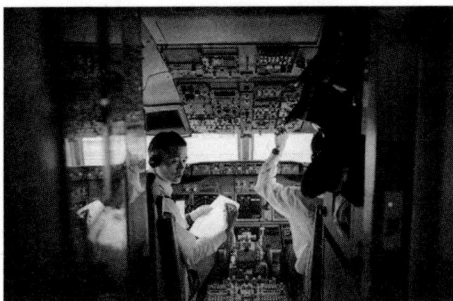

飞行组人员做飞行前准备

民用航空器所有人或者承租人应当指派新机长接任。"《中国民用航空飞行规则》第 7 条第 2 款规定: "如果机组中有两名以上正驾驶员,必须指定一名机长,并且在飞行任务书中注明。"现行的有关国际公约中就机长资格问题做了较为详细的规定。

乘务组

乘务组是由飞行组成员以外且在机舱内工作的其他机组成员组成,担任操纵航空器以外的辅助职务。其中乘务员是在飞机上为旅客提供服务的工作人员,乘务员的主要职责是为旅客提供热情优质的服务,确保旅客出行舒适与安全,并及时处理旅途中的各种突发事件。安全员保卫机上人员与飞机的安全,处置机上非法干扰及扰乱性事件,部分兼职安全员还要承担客舱服务工作,航空安全员需要在机长的领导下进行工作。

其他规定

机组人员在民航航空人员中属于重要的职责分类,如果在机组缺员的情况下,民用航空器不得起飞,这也能凸显出机组成员在民航航空飞行中的重要性。

为了保证飞行安全,中国民用航空局在民航行业规章《大型飞机公共航空运输承运人运行合格审定规则》(CCAR-121 部)、《小型航空器商业运输运营人运行合格审定规则》(CCAR-135 部)和《一般运行和飞行规则》(CCAR-91 部)中,规定民航飞行机组成员需要持有合格的商用飞机驾驶执照,客舱乘务员需要具有职业资格证书和相应的机型执照,同时还对机组成员配备、执勤时间、专业培训等做了明确规定,机组成员需要符合这些规定条件。

飞机、机组和航权是航空公司生产运营必备的核心资源。数量充足、技术精湛、作风严谨的机组，不仅是航空公司持续安全飞行的基本前提，也是充分发挥航空公司机队运能的重要保障。

航空运输统计

航空运输统计是研究与民航运输生产经营活动总体数量有关的工作。通过资料收集、数据整理、分析研究，进行统计预测，从总体上反映民航运输的规律、规模、水平、构成、速度、效率和效益等。是评价航空运输企业经营管理水平、经济效果和编制航空运输计划的依据。

◆ 研究对象

人们对民航经济的认识和了解，是通过民航经济现象总体的数量方面来实现的。为了全面反映民航运输生产情况，研究民航的发展是否同整个国民经济的发展相适应，研究民航同国民经济其他部门之间以及民航内部各个部门之间的各种比例关系，研究民航的经济效益，必须对民航运输生产活动各个方面进行综合分析研究，主要有民航客、货运输量的统计分析，民航时间利用的统计分析，民航劳动生产率的统计分析，民航飞机利用率的统计分析等，这些都是民航统计研究的主要内容。

◆ 工作环节

航空运输统计的基本任务是对民用航空发展状况进行统计调查、统计分析，提供统计资料和统计咨询，实施统计监督。因此航空运输统计工作包括统计设计、统计调查、统计整理、统计分析、统计预测等。

◆ 统计设计

统计设计是统计工作的第一个工作阶段，是根据统计性质和研究目的，对统计工作各个方面和各个环节的通盘考虑。包括：①统计指标和指标体系；②与统计指标体系相联系的统计分类和分组；③搜集统计资料的方法；④统计工作各个部门和各个阶段的协调与关联；⑤统计力量的组织和安排。航空运输统计设计由国家主管部门会同中国民用航空局组织实施。

航空运输统计指标是指反映民航经济现象总体数量特征的概念和这个概念的具体数值表现的统一体。民航统计指标的现实形态是一个体系，而不是一个单个的指标。航空运输统计指标体系是实现人们对民航经济现象完整认识的手段，具体包括民航运输发展指标、经济效益指标、安全与服务质量指标等，是为民航经济发展服务的，要准确、及时、全面、系统而有连续性。

◆ 统计调查

统计调查是根据调查的目的与要求，运用科学的调查方法，有计划、有组织地搜集数据信息资料的统计工作过程。航空运输统计将调查项目分为综合统计调查项目、部门统计调查项目和专业统计调查项目。综合统计调查项目是指综合反映中国民用航空的发展状况，由中国民用航空总局（简称民航总局）统计机构或者由民航总局统计机构与有关职能部门共同拟定，报国家统计局批准实施的部门统计调查项目。部门统计调查项目是指由国家有关部门拟定，经国家统计局批准，要求民航行政机关和民航企事业单位进行调查和报送的统计调查项目。专业统计调查项目是指为满足民航总局有关职能机构或者民航地区管理局工作需要的统计调查项目。

◆ **统计整理**

统计整理是统计工作的一个重要环节，它是按照统计研究任务的要求，根据统计对象的特点，对统计调查所搜集到的大量原始资料进行分类、汇总或对已加工过的资料进行再加工，使其条理化、系统化、科学化，最后形成能够反映现象总体特征的统计资料的工作过程。表现航空运输统计整理资料的重要形式之一是统计表，根据研究的目的可编制各种统计表。

每年定期向社会发布的行业统计报表，包括：航空公司运输业务量统计表，航线条数及营运里程统计表，机场飞机起降架次统计表，机场运输业务量统计表，民用航空器飞行事故统计表等（具体指标定义与计算方法参考《民航综合统计报表制度》）。每年定期向行业内公布的统计报表，包括：航空公司运输业务量统计表，航段运量统计表，航线条数及营运里程统计表，民航技能人员统计表，空勤人员及机组配套数统计表，民航固定资产投资统计报表，民航固定资产投资按性质、构成及新增固定资产统计报表，民航企业财务状况统计表等（具体指标定义与计算方法参考《民航综合统计报表制度》）。每月定期向社会发布的行业统计指标，包括：航空公司运输总周转量、旅客运输量、旅客周转量、货邮运输量、货邮周转量、正班载运率、正班客座率，机场旅客吞吐量、货邮吞吐量和起降架次等（具体指标定义与计算方法参考《民航综合统计报表制度》）。

◆ 统计分析

统计分析常指对收集到的有关数据资料进行整理归类并进行解释的过程。航空运输统计分析，即根据统计研究的目的和要求，运用各种统计分析的方法，对经过加工整理的民航统计资料，加以综合分析研究，对统计资料所反映的民航生产经营状况进行综合评价，从而揭示民用航空发展变化的内在联系及其规律性。统计分析是民航统计工作的重要环节，搞好统计分析，对开展民航统计工作，发挥民航统计部门的服务与监督职能，提高民航统计工作人员的素质和水平都具有重要的意义。

◆ 统计预测

统计预测是在大量统计资料的基础上，运用社会、经济、环境统计和数理统计方法研究事物发展变化趋势和方向的预测方法。统计预测方法可归纳为定性预测方法和定量预测方法两类，其中定量预测法又可大致分为趋势外推预测法、时间序列预测法和回归预测法。航空运输统计预测是指通过对各种航空运输业务量的预测，为做出科学决策、制定使航空运输资源得到优化配置的计划奠定基础。

常旅客计划

常旅客计划是航空公司向经常乘坐本公司航班的旅客实行以里程累计或积分累计奖励里程为主的促销方式。是保留公司的旅客，使其成为忠诚旅客，提升公司竞争力的一种市场手段。

◆ **概念形成**

20 世纪 70 年代末，由于放松管制带来激烈的市场竞争，迫使各航空公司寻找新的生存和竞争战略，以吸引更多的旅客，获得更多收益。实践中，航空公司发现一部分经常乘坐飞机的旅客为航空公司带来可观的利润，在此背景下，美国航空公司率先推出常旅客计划（A Advantage; AA），随后各航空公司纷纷效仿，并推出各自的常旅客计划。越来越多的航空公司意识到培养和保留忠诚的旅客是公司主要的利润来源。全球常旅客系统已经发展到酒店、租车、银行、零售、旅游等行业以及行业之间的联合，互相交换积分，互通有无。中国一些航空公司也各自推出常旅客计划和相应的会员卡。

◆ **内容**

常旅客计划可以享受的服务有：允许额外行李、机场贵宾厅休息、机场优先办理登机手续、行李优先处理、预订候补优先（如果所选航班没有空位，确保在候补名单中优先）、机场候补优先等。星空联盟、天合联盟、寰宇一家三大航空公司联盟中，在同一个联盟内，只要选其中一个航空公司的常旅客计划，坐其他航空公司的里程，都可以累积到这个常旅客计划里。

◆ **发展趋势**

传统的常旅客计划，基于飞行距离来累积积分。经过 30 多年的发展，各个航空公司的常旅客计划很相似，缺乏竞争优势，因此一些航空公司积极尝试新的常旅客计划，依据会员的实际消费金额和会员等级，即积分货币化。新型常旅客计划为会员、航空公司都带来不少好处。对于旅客来说，积分计算更简单、高端会员积分更多、积分兑换更灵活。对于航空公司来说，有利于航空公司精准区分常旅客、降低营销成本、提高市场竞争力、提高直销比例、积分收益更可观。国内外不少航空公司采用了积分货币化的做法，而且在不断完善。中国海南航空公司是中国第一家变更常旅客积分方式的航空公司。

航班运行控制

航班运行控制是利用飞行动态控制系统对航班飞行的起始、持续和终止行使控制权的过程。目的是使航班运行达到安全、正常、经济的状态。

◆ 核心功能

航班运行控制是对签派放行、机组管理、机务协调、地面保障等业务进行统筹管理的过程，是航空公司的核心业务。

航空公司运行控制中心（AOC）运作的核心就是对航班的签派放行和运行监控。签派放行是指根据航空公司的运行规范，确定飞机运行的所有因素符合相关法规和标准，与机长共同签派放行每一次飞行。运行监控是指监控航班飞行状态，掌握航路、目的地机场和备降机场的天气情况和影响飞行安全的航行通告等其他各类信息，向飞行机组提供有效的地面支援，同时对航空公司当天所有的航班进行合理化调整，保证航班的安全正常运行，是对航班运行的总体情况的掌握和控制。

一般情况下，航空公司运行控制的主要功能都集中在运行控制中心，它是航空公司生产运输的指挥中心，能够实现对航班的实时运行控制。

◆ **发展情况**

从 20 世纪 70 年代开始，美国的一些航空公司如达美航空公司、联合航空公司等率先建设了运行中心。随着国际航空的迅猛发展，建立功能强大的运行中心引起全世界航空公司的重视。中国从 2000 年开始，提出航空公司运行控制中心的建设。

随着航空市场不断扩大，运行也越来越复杂。航班运行控制过程涉及的职能部门多、所需资源多，世界上各大航空公司将直接参与航班运行控制的各个职能部门集中在一起，成立了航空公司的运行控制中心，进行集中运行控制。市场、签派、机务、飞行、地面保障等职能部门在运行控制中心都设有专门的席位，航班运行中发现问题，各部门的专业人员及时沟通，可以快速形成解决方案。同时世界上各大航空公司都采用先进的技术支持，建成集运行控制、飞行签派、客货运、旅客服务、机组排班、飞机排班、机务维护、航站控制、气象和 ATC 协调等多种功能于一身的运行控制系统，大大拓展了航班运行控制的功能。

随着国际航空运输格局的变化，航空联盟的发展，也使得航空公司的运行控制越来越复杂，促使航空公司通过运行控制中心实现集中控制、协调管理，提高航班保障能力、公司整体运行效率。

航班延误

航班延误是指民航航班未能在约定或合理的时间内将旅客运送到目的地的情况。又称晚点或误点。

航班延误是全球民航业发展过程中存在的共同难题，这是航空运输技术局限性和运输工具脆弱性决定的。

◆ 界定

航班延误由航班和延误构成。所谓延误，即延迟耽误；所谓航班，是指按照规定的航线、规定的日期以及民航管理当局批准的航班时刻表飞行的班机。航班延误就是航班出发或到达目的地时间出现了不合理迟延耽误的情况。

国际民航界长期没有对航班延误做出明确界定，多是把"超过了合理时间"作为航班延误的基本内涵。何为合理就成为界定航班延误概念的基本前提，也是实际工作中产生法律纠纷的主要因素。判断是否合理一般基于两个维度：离站（离港或出港）时间和到站（港）时间。

离站时间。1996年中国民用航空总局发布的《中国民用航空旅客、行李国内运输规则》第一章第三条规定："离站时间"指航班旅客登机后，关机门的时间。正常情况下，飞机关闭舱门，撤轮挡，启动发动机，从停机位滑行到跑道起飞，大约需要15分钟。所以一般飞机按照计划离港时间关闭舱门，并在15分钟内起飞，属于正常航班。超过15分钟为不正常航班（航班不正常包含但不等于航班延误）。2012年中国民用航空局发布的《民航航班正常统计办法》将标准从"关机门"进一步严格规定为"撤轮挡"，即航班在计划离港时间前后超过5分钟撤轮挡的，为延误航班。美国、日本、澳大利亚等国均采用航班离港阶段撤轮挡时间超过15分钟的标准。

到站时间。一些国家把航班到站时间作为判断延误的基准。中国现行交通运输部《航班正常管理规定》明确规定航班实际到站（港）时间晚于计划到站（港）时间超过 15 分钟的，为延误航班。此处的实际到港时间进一步被明确为飞机到达目的地机场降停后，挡轮挡的时间。

航班延误属于航空公司服务质量范畴，一方面直接影响航空公司的服务质量、品牌形象；同时又是航空公司运行效率的重要标尺。其主要衡量数据是航班延误率。官方一般统计航班正常率（又称准点率或正点率）。

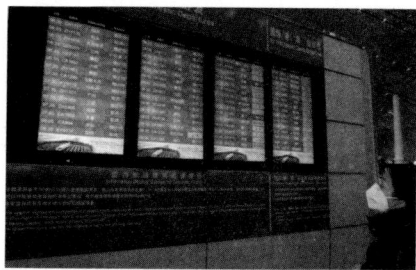

一位旅客在首都机场 T3 航站楼查看航班延误状况（2016 年 12 月 20 日）

◆ **原因**

航班运行是一项系统性很强的工作，需要各个部门、各个环节、各个要素的协调协同。任何一个部门、环节或要素出现异常，就会导致航班延误的发生。构成航班延误的因素很多，中国把它们归类为航空公司原因和非航空公司原因。具体划分为天气、航空公司、航班时刻安排、军事活动、空管、机场、联检、油料、离港系统、旅客、公共安全共 11 类。其中，主要因素有：①天气原因。航空器飞行受风、雪、雷、电等天气因素影响明显，相当比例的航班延误都是天气原因造成的。影响航班正常飞行的包括出发地机场、目的地机场、所飞经航路上的天气不佳、飞行可能导致安全问题等情况。②交通管制。包括军事活动、流量控制等。军事活动：各军种航空兵进行训练、演习、执行紧急任务时会占用航路，影响航班正常飞行。流量控制：在某一时间段或区域，航班数量超出航路和地面服务保障能力，出现空中拥堵，就会进行流量控制。另外，机场或航路上出现意外事件，都是导致流量控制的原因。③航空公司原因。包括机械故障和航班调配等，都是属于航空公司自身原因。飞机是大型精密设备，尽管安全性不断提高，但是一个小的故障往往导致飞机不能正常起飞。为了确保安全，彻底排除故障隐患可能会造成一定程度的延误。航班计划安排不合理、备份飞机不足也会导致航班延误。④旅客原因。据统计，旅客因素（包括旅客晚到、醉酒、生病、吵架、拒绝登机、霸机等）造成的延误越来越多，每年达到几十万个航班，占到延误航班总量的 2% ～ 3%。由于旅客临时下机现象增多，一旦旅客临时下机，为了保证广大旅客安全，需要对所有客舱行李、托运行李重新进行全面检查，可能会导致航班延误。

◆ 处置

航空旅客对时间比较敏感，航班延误容易引发旅客与航空公司的纠纷。吵闹、打架、砸物事件时有发生，严重的有拒绝登机、冲击跑道、霸机等情况。

为减少矛盾，化解纠纷，《航班正常管理规定》对航班延误的治理作了硬性要求。要求航空公司制定延误服务预案，建立延误信息报告机制，做好退改签等服务工作，制定延误补偿方案。同时，民航局建立了保障航班正常的奖惩机制，定期公布航空公司的延误信息，对排名靠后、航班正常率低下的国内航班进行警告通报，给予减时刻、减航班的处罚。出现群体性事件，造成重大社会影响的，取消该航班本航季时刻和下一航季航班时刻申请。

◆ **补偿**

2017年1月1日,《航班正常管理规定》正式实施,按照规章的要求,所有航空公司都对航空公司运输总条件、机上延误应急预案、大面积航班延误预案等进行了修订,制定航班延误补偿方案,并进行了备案和公布。

春秋航空公司、西部航空公司、中国联合航空公司、桂林航空公司和乌鲁木齐航空公司5家航空公司的方案是不提供经济补偿。

华夏航空公司对于延误时间大于4小时(含)小于8小时,给予每位旅客100元人民币补偿;延误时间大于8小时(含),给予每位旅客200元人民币补偿。奥凯航空公司略有不同:延误时间大于4小时(含)小于6小时并且已经按公司服务标准提供餐食或住宿服务,每位旅客补偿人民币100元;延误时间大于6小时(含)小于8小时并且已经按公司服务标准提供餐食或住宿服务,每位旅客补偿人民币200元;延误时间大于8小时(含)并且已经按公司服务标准提供餐食或住宿服务,每位旅客补偿人民币300元。

中国国航、中国东航、中国南航等航空公司对由于航空公司自身原因造成的航班延误,延误大于4小时(含)小于8小时,每位旅客补偿人民币200元;延误大于8小时(含),每位旅客补偿人民币400元。

成都航空公司补偿标准更加人性化。延误时间大于4小时(含)小于8小时,每位旅客补偿人民币200元;延误大于8(含)小时,每位旅客补偿人民币400元。成都航空同时规定,儿童按成人标准的50%补偿,婴儿统一每位补偿人民币50元,从而照顾了婴幼儿童群体。

另外，各家航空公司还对延误时提供的餐食、住宿等进行了明确规定。

航班最短衔接时间

航班最短衔接时间是指在一个特定的地点，将乘客和他的行李从一个航班转移到一个连接的航班所需的最短时间间隔。

◆ 概念内涵

在货物环境下，最短衔接时间（MCT）可以被定义为将货物从一个航班转移到一个连接航班所需的最短时间间隔。最短衔接时间（MCT）间隔也称为"官方"或"标准"MCTs。双边 MCT 协议被称为 MCT 例外。由不同于行业 MCTs 的运营商建立的在线连接时间间隔也称为 MCT 例外。MCTs 的管理由国际航空运输协会客运服务会议（PSC）第 765 号决议管理。为了旅客及行李能在转机点顺利衔接，保障旅客及航空公司各自的权益，国际航空运输协会（IATA）综合机场设施、机场联检单位、航空公司地面保障情况等因素，制定并监管各机场的标准最短衔接时间。各机场根据各自的旅客中转服务条件规定适用于本机场航班的最短衔接时间。世界各国国际机场对中转时间的具体规定由《航班指南》（*Official Airline Guide*; OAG）定期更新。

◆ 相关规定

根据第 765 号决议的要求，MCTs 必须被全世界所有的票务和预订机构所观察，并且也被用作自动预订系统的输入。

①在每个航空公司指定 MCT 协调员。为了确保 MCTs 的适当协调，每个航空公司都被要求指定一个 MCT 协调员。

②建立或变更。MCTs 的建立和变更由国际航空运输协会决议 765 的规定管理。为了适用第 765 号决议，将要求 MCT 协调员为各自的当地最低联系时间组（LMTCG）成员提供建议，无论他们是否同意建议的新或变更的 MCTs。对于 MCTs 的正常年度回顾和任何特别审查，第 765 号决议规定，在商定的或已建立的 MCTs 计划生效日期之前的 60 天内，通知国际航空运输协会管理。

③国际航空运输协会不公布 MCTs，但只作为所有 MCTs 的全球行业协调员。

④双边特定协议。第 765 号决议表明，航空公司负责与其他航空公司或铁路公司签订双边协议，在特殊情况下，它们的特殊安排 / 情况的特殊情况使这成为可能或必要的情况。为了确保 MCT 例外的统一管理，已经建立了附加规则。MCT 例外不会改变行业设定的任何标准时间。承运人必须在机场对 MCT 标准时间的变更提出建议，以引起适当的行业机构的注意。

⑤建立特定的例外。MCT 例外情况可能比机场的标准 MCT 更低或更高。

◆ **相关因素**

航空枢纽概念的始创者是美国的航空公司。1978 年，《航空放松管制法案》（*The Airline Deregulation Act of 1978*）颁布后，达美等一批大型航空公司为了满足空运市场竞争的需要以其基地为依托，建立起更能充分体现航空产品定期性品质（包括满足出行的良好时刻、足够高的航班频率、容易保证的正点起降以及使旅客更为舒适的大型客机这四个主要方面）的航空枢纽（hub），并通过枢纽机场与其周围非枢纽机场的轮辐式连接以及枢纽机场之间的连接，最终形成了网络概念——中枢辐射式网络系统（hub-spoke-system; HSS）。

枢纽机场是中枢辐射式航线结构的基础。航空公司建立中枢辐射航线网络的目的在于通过在枢纽机场为旅客提供更便捷的中转服务，吸引更多的旅客，提高进出枢纽机场航班的旅客数量。其具体的运作是采用航班波的运行方式，即将枢纽机场的进港航班和出港航班分开，一个时间段安排进港航班，称之为进港航班波，紧接着在另一个时间段安排出港航班，称之为出港航班波。在时间上将进港航班和出港航班衔接起来，有效地实现各个航段、干线和支线的衔接。

航班波运行系统的优劣，可以用航空公司和航空公司联盟航班波内的航班衔接组合的数量及质量来评价。为了使所有的进港和离港航班形成衔接，在最晚进港和最早离港的两个航班期间为预定或中转所必需的最短时间即中转衔接时间，这也是体现中转质量的最重要的时间指标。这个时间段与 IATA 编制的 MCT 手册有一定的区别。成功的航空枢纽必须具有可接受的 MCT，这一点已为国际诸多大型航空枢纽的实际运作经验所验证。一方面，MCT 是航空枢纽运行效率的重要体现，也是中转旅客、货主最为关心的指标之一；另一方面，在可竞争的航空运输市场中，不同航空枢纽 MCT 的横向比较也体现了枢纽竞争力的强弱。因此很多时候，航空公司会公布在枢纽机场涉及本航空公司内，本航空公司与同联盟航空公司，本航空公司与代码共享、联营航空公司在同候机楼进行航班中转的最短衔接时间，这个时间要比 IATA 公布的标准 MCT 短。

决定最短衔接时间的主要有 3 个因素：①完备的中转设施。这些设施分散在行李分拣、地面运输、值机手续、航显系统、旅客服务等各个方面。②满足枢纽运作的业务流程。业务流程是根据机场服务的市场来设计的，目的就是使机场陆侧的客货（包括中转客货）能够更高效、更安全、更方便地离开或到达。③稳定、协调的部门协作关系。航空枢纽的运营涉及机场、基地航空公司、海关、边检、检疫、公安、国家行业管理、地方政府等各个部门，间接涉及的还包括航空配餐、航空油料供应、货运代理、客票代理等相关部门。各方关系的协调是航空枢纽运作的必要保障。

◆ **实践意义**

从有效利用航空资源出发，改革航线布局模式，建设航空枢纽是顺应航空运输全球化大趋势、增强中国航空公司在跨国联盟中战略地位和国际竞争力的重要途径。中转衔接时间是枢纽机场最重要的衡量指标，也是提升区域竞争力的重要因素。中国的航空公司在各级政府政策的主导下，与机场等相关单位的密切配合，将在竞争力和营运效率方面得到很大的提高，并将给消费者提供更多方便旅行途径的选择。

航空运输辅助服务

民航计算机订座系统

民航计算机订座系统是指通过计算机系统而集成多个航空公司的航班计划、航班时刻、机票价格以及定价规则等信息，为机票销售代理人提供航班查询、机票销售、订座记录、出票等各项服务的系统。是民航机票销售辅助服务系统。简称 CRS。

◆ 发展状况

20 世纪 50 年代后期，美国的美洲航空公司（AA）和 IBM 公司（International Business Machines Corporation）联手开发了世界上第一个联机订票系统（Sabre），实现了机票预订流程的自动化。航空公司的计算机订座系统的雏形是库存管理系统（inventory control system；ICS），主要用于各航空公司的库存管理和机票直销服务。之后，逐步发展成面向大量机票销售代理人销售多个航空公司机票的计算机订座系统（CRS），实现机票销售的规模化、系统化和电子化，为当今民航领域电子客票的全面铺开创造了技术条件。90 年代，CRS 已经成长为全球分销系统（global distribution system；GDS），不再局限于机票销售服务，通过计算机系统将各类航空产品、旅游产品与各种代理商连接起来，提供实时机票在线预订、购买、出票、旅游、餐饮、酒店、租车等信息服务组合产品，从而实现旅客出行信息的透明化、出行选择的多样化、出行成本的最小化。

经过世界各国 CRS 供应商的大量出现，以及随后的分化、重组，出现欧洲的 Amadeus、北美的 Sabre/Abacus 和 Travelport/Worldspan/Galileo 等几大全球分销系统瓜分世界市场的状况。中国的 Travelsky、韩国的 Topas、日本的 Axess 和 Infini 等属于规模较大的区域性全球分销系统。其中，中国民航信息集团有限公司是中国国内唯一一家为国内航空公司、机场和国内外多家销售代理人提供 GDS 服务的 CRS 供应商。

1995 年，中国完成 CRS 建设。2000 年，中国民航信息网络股份有限公司才开始独立运作。基于庞大的国内市场，中国 CRS 快速成长壮大，截至 2018 年年底，营业规模和销售规模已经居于世界前三位。

◆ **主要特征**

①信息化。CRS 刚开发出来时，仅仅是航空公司机票预订的一种简单应用，目的也只是通过计算机技术提高订票效率、减少人工操作差错，并降低成本。由于民航业和旅游业的迅猛发展，CRS 逐步从航空公司订座系统中分离出来，面向整个产业链扩张，成为集成航空公司和代理人机票销售、票价制定、收益管理、飞行调度、航班编排和机组人员调度等领域信息服务的系统集成商。GDS 的开发促成了信息化应用的跨越，除了原有的民航业，旅馆、酒店、租车、铁路等也纷纷采用，成为服务于整个旅游业的一个信息化服务系统，可以满足消费者旅行中包括交通、住宿、娱乐、支付及其他后续服务的全方位需求。

②整体性。由于电子技术和网络技术的广泛应用，CRS 能够突破地域、行业和国家的限制，在全球范围内提供服务。因此，Sabre 脱离美洲航空公司后成为一家独立的公司，并奠定了在当时规模最大的航空产品预订管理信息服务公司的地位，迅速走上跨行业、国际化的扩张道路。欧洲的 Amadeus、北美的 Sabre 和中国的 Travelsky 位居世界前三位，年总收入接近 200 亿美元。GDS 身处航空与旅游产业价值链上端，发挥核心价值作用，占据全球分销市场近 50%、全部机票预订量的 85% 的市场份额。GDS 的利润率非常高。

③快速化。随着技术的飞速进步，所有 CRS 都完全实现了信息服

务的实时性。一旦航空旅客或用户在网络终端提交命令或任务，不出 3 秒钟，就会迅速得到结果应答。满足了现代社会中人们对服务快速和便捷的高质量需求。

④安全性。CRS 服务的地域十分广泛、出行人数众多、时间覆盖全天，因此系统安全涉及人们出行安全和社会安定。为此，对于 CRS 的安全性要求非常高，必须保证在一天 24 小时内网络上都有终端在正常工作，任何时间系统运行都不能中断；同时，系统中的信息和数据在任何意外情况下都不能被破坏，为保持较高的可靠性，CRS 一般都实行了多套主机、随时备份等安全措施。

民用机场地面服务

民用机场地面服务是指机场、航空公司或代理企业在机场内为航空器、旅客、货主提供的各种服务。包括旅客运输地面服务、货物运输地面服务、机坪服务、机务服务等航空运输有关的业务。简称地服。

具体地说，旅客运输地面服务包括销售和预订客票、值机、配载、托运行李、为中转旅客服务、特殊旅客服务、登机服务、贵宾服务、行李查询等；货物运输地面服务包括货物收运、货运文件处理、仓储服务、装箱打板、货邮分拣、装卸搬运、装卸监控、特种车辆、危险品、特殊货物的处理等；机坪服务包括客梯车服务、摆渡车接送服务、清 / 污水处理服务、机上清洁、加油、动力供应、冷热气供应、配餐等；机务服务包括航班进出港机坪引导服务、地面保障设备、摆放防撞锥、飞机牵引、飞机航线维修服务等。此外，航务方面如飞行计划、与空管联系、气象记录报告、制定航班天气报告和航行通告也是有些地面服务代理商的服务范围。

全球机场上提供地面服务的运营商主要有：机场的地服部门、航空公司的地服部门、独立的专业地面服务运营商，即第三方运营商。为降低运营成本、提高服务质量，欧美国家在机场地面服务领域加快自由化进程，更多的航空公司选择更专业的第三方地面服务运营商为其航空器、旅客提供服务；机场管理当局也愿意选择多家地服公司在机场提供服务，形成竞争，有利于提高机场服务水平。中国国内机场地面服务大多是由机场或者基地航空公司的地服部门提供。随着国内机场管理模式由经营型向管理型转变，进行机场地面服务专业化改革也是必然趋势。

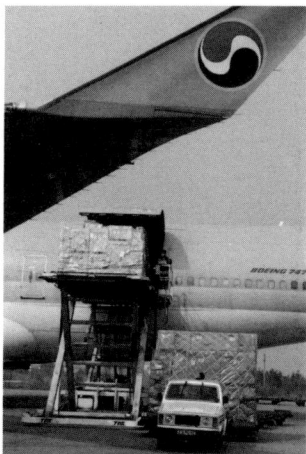

机场地面服务作业现场

地面服务是航空运输服务的重要组成部分，提高机场地面服务水平，对于提高航空运输服务质量、保障航班正常运营具有重要作用。

民用航空器维修

民用航空器维修是指对民用航空器或者民用航空器部件进行的检测、修理、排故、定期检修、翻修和改装等工作。是保证民用航空器持续适航性，航空活动正常、安全进行的一种手段。

◆ **概念内涵**

民用航空器在完成了设计制造后，具有较高的固有可靠性和安全性水平，达到了初始适航的条件，但在其运营过程中，由于受到使用条件、环境因素等各方面的影响，民用航空器的这一固有可靠性程度会有所降低，因此，民用航空器的维修工作在民航运行中占有至关重要的地位。

◆ **概念形成**

这一概念形成与演变大致可以分为以下阶段：

① 20 世纪 30 年代以前。以传统维修思想为中心的维修概念（预防为主，定时维修）。这一时期的航空器构造较为简单，此时的维修主要是一种操作技艺的形式呈现，缺乏系统理论的指导。航空器维修主要采用定时维修的方式，即确定一定的时期对零部件进行拆解检查、定时更换，防患于未然，从而减少故障和事故。

②第二次世界大战至 20 世纪 50 年代末。以过渡维修思想为中心的维修概念。在第二次世界大战后，世界各国逐渐出现了越来越多的航空公司，这一巨大的市场需求促进了航空技术的发展，也使得航空器维修概念发生了一定变化。此时的维修概念仍是以定时维修为主导，为避免航空器的安全故障问题，设计制造人员多采用多余度技术，但维修技术人员仍没有认识到维修间隔与可靠性之间的关系。

③ 20 世纪 60 年代至今。以现代维修思想（MSG 思想）为中心的维修概念。在这一时期，人们认识到航空器零部件的拆修间隔与其可靠性的密切关系，产生了以可靠性为中心的现代维修概念，维修理论学科也逐渐发展起来。

这一时期所采用的维修方式是定时维修、视情维修、状态监控 3 种，采用的多种维修工作类型为：润滑保养、使用检查、检查和功能校验、回复、报废、综合性工作等。

◆ **基本内容**

民用航空器维修包括：定时维修、视情维修、状态监控。

①定时维修。对于在使用初期阶段，即磨合期故障率较高，而随着时间推移，其故障率趋于稳定，但一定时期后，其故障率突然剧烈升高的零部件，需要采用定时维修方式，即使用此类零部件一段时间后，到时报废、更换而不修理。

②视情维修。对于有不稳定的磨合期，但在故障率稳定后，故障率稳定且故障出现随机的零部件，需要采用视情维修方式，即对其使用情况进行实时的检查和监察，根据其使用的具体情况来决定是否要进行更换、报废或修理。

③状态监控。对于虽然有不稳定的磨合期，但在磨合期后其故障率仍不断上升的零部件，这类零部件或系统在航空器上一般是有"冗余系统"的，即使其发生了故障也不会影响航空器正常运行，因此对于此类零部件需要采用状态监控方式，一旦发生故障，及时排故。

◆ **作用**

主要有：①保证航空器持续适航；②保证航班正常率、保证航空活动正常运行；③直接影响航空公司的航空运营成本；④收集航空器零部件的损坏数据、损坏模式等，以便确定后期进行以数据分析为基础的科学维修间隔。

航空油料

航空油料是为民用航空器及其部件提供动力、润滑、能量转换并适应航空器各种性能的特殊油品。包括航空燃油、航空润滑油、航空润滑脂、航空特种液及添加剂等。

◆ 词源

航空油料，狭义上来讲是指航空燃油，这一词主要来源于燃油（又称燃料油、重油、船用燃料或炉油），是通过蒸馏手段得到的石油的一小部分，即一种蒸馏物，也可以称为残油。

◆ 发展历史

随着航空器发动机的发展，航空器发动机所使用的燃料不断变化，大致经历如下几个阶段：

萌芽阶段（1400～1903）——无发动机时期的"人力和蒸汽"航空燃料。

初始阶段（1903～1938）——内燃机时期的柴油航空燃料。

完善阶段（1939～1945）——活塞式发动机时期的航空汽油。

突破阶段（1946～1957）——喷气发动机时期的喷气燃料。

高超音速阶段（1958年至今）——超音速发动机时期的高密度碳氢燃料。

◆ 基本内容

航空油料不仅包括为航空器发动机提供动力的航空燃油，还包括航空润滑油、航空润滑脂、航空特种液及添加剂等。

传统航空燃油

主要包括航空汽油和喷气燃料。

①航空汽油。航空汽油的作用是为飞机的活塞式发动机的运行提供动力。航空汽油是石油的直馏产品和二次加工产品与各种添加剂混合而成的。其主要性能指标是辛烷值和品度值，辛烷值表示航空汽油的抗爆性能，品度值表示功率输出效率。②喷气燃料。由于国内外普遍生产和广泛使用的喷气燃料多属于煤油型，所以通常称之

航空油料

为航空煤油，简称航煤。航空煤油比汽油具有更大的热值，使用安全。适于航空燃气涡轮发动机和冲压发动机使用。用于超音速飞行的煤油还应有低的饱和蒸气压和良好的热安定性。

新兴航空燃料

随着航空业科学技术的发展，新兴的航空燃料主要包括生物燃料、天然气和液化天然气。

①生物燃料。是生物质料生产的新燃料（如可持续航空燃料）和某些纯植物油。这种燃料具有很大的优势，一是飞机本身的结构和系统等无须改变，二是使用这种生物燃料作为航空器燃料会大大减少温室气体的排放量。②天然气和液化天然气。航空器可以将压缩天然气和液化天然气转换为其他传统的化石燃料，再进行运转。

航空润滑油

主要用于航空器及地面设备的油品，包括航空器发动机油、航空器液压油等，主要作用是润滑。

航空器发动机油不仅能通过润滑油系统对发动机进行润滑，而且能带走所润滑部件因燃烧而产生的大量热量。航空液压油主要是用于航空器液压系统传动机构的工作液，同时，它也是各种高精密液压机械的工作介质。

◆ 作用和影响

对环境的影响

由于机场对航空燃油、润滑油和其他化学品的广泛使用和不妥善处理，机场周围可能产生严重的水污染。机场应安装溢油控制结构。另外，航油燃烧会生成二氧化硫、一氧化碳、氮氧化物以及可吸入颗粒物等，对温室效应、酸雨的形成都有一定的影响。

对安全的影响

油品具有易燃性，在航油的储存、收发，以及航空器加油的过程中，很容易发生燃烧，成为航空运行，尤其是机场运转的一重大危险源。此外，油品具有易爆性，当空气中的油蒸汽溶度达到一定程度，即达到爆炸极限范围时，一旦与火源接触，便可发生爆炸。

石油产品及其所挥发的蒸汽一般都具有毒性，且属于腐蚀性、麻醉性气体，但一般属于低度或中毒的物质，对员工的健康是一种潜在危险。

运输飞机

运输飞机是指用于开展旅客、货物、邮件等公共航空运输服务的民用飞机。

运输飞机的概念源于商业运输飞行。1914 年 1 月 1 日，一架仅能载运 1 名乘客的小型水上飞机完成了美国佛罗里达州圣彼得堡至塔帕航线的飞行，开启了人类商业航空运输史。

20 世纪 30 年代，得益于航空技术进步，航空运输成为一种新兴的交通运输方式。英国帝国航空、德国汉莎航空、荷兰皇家航空、美国联合航空等一系列航空公司相继成立。这一时期运输飞机为全金属结构，载客人数达到 30 人。典型机型有波音 247、道格拉斯 DC-3 等。

第二次世界大战之后，运输飞机由活塞螺旋桨动力时代进入了喷气动力时代。1952 年，英国德哈维兰公司向英国海外航空公司交付了全球第一架喷气式运输飞机。1958 年投入运营的波音 707 飞机是全球第一款成功实现商业运营的喷气式飞机，引领全球航空业进入喷气动力时代。

波音 707 飞机

20 世纪 70 年代之后，运输飞机加快向大型化和高速化趋势发展。大型化方面，美国波音公司、麦克唐纳·道格拉斯公司、洛克希德公司在 70 年代分别研制了波音 747 飞机、DC-10、L-1011 等大型宽体飞机。其中，波音 747 是当时世界上最大的民航运输飞机，直到 2007 年空中客车 A380 飞机正式交付运营，这一纪录才被打破。高速化方面，1976 年，英国和法国联合研制的"协和"号超音速飞机开始商业运营。同一时期，苏联图波列夫设计局研制了 144 型超音速飞机。但由于安全和经济性等原因，超音速飞机已经退出商业运营。

空中客车 A380 飞机

根据业载和航程性能，运输飞机可以分为宽体飞机、窄体飞机和支线飞机。宽体飞机业载大、航程远，通常应用于洲际远程航线，代表机型有波音 777、波音 787，空中客车 A330、A340 等。窄体飞机机型较小，主要适宜于中短程航线，代表机型有波音 737 系列和空

波音 747 飞机

中客车 A320 系列。支线飞机座位数通常小于 100 个，主要开展小运量、短距离运输飞行，代表机型有中国的 MA60、ARJ21，巴西的 ERJ145、E190，加拿大的 CRJ200、Dsah-8 和欧洲的 ATR42/72 等系列。此外，还有专门用于货邮运输的货运飞机，代表机型有波音 747F、波音 777F 等。

进入 21 世纪以来，航空运

中国 MA60 飞机

输业对运输飞机的安全性、经济性和节能环保性要求越来越高。波音
B787 飞机、空中客车 A350 飞机等为代表的新一代运输飞机，大量应
用复合材料和新型发动机。未来，随着更新的航空材料、空气动力学、
人工智能、高效能发动机的应用，运输飞机将具备更好的安全、经济、
绿色、智能等性能。

窄体机

　　窄体机是指机舱最大宽度不超过 4 米，客舱一排最多布置 6 个座位
和 1 条通道的运输飞机。又称单通道飞机。

　　窄体机与宽体机是相对应的。两者的主要区别在于其机身宽度、客
舱布局、业务载重和航程性能。窄体机主要适用于 2 ～ 4 小时航程，每
班载客量 150 ～ 200 人的中短程航线。在轴辐式航线网络中，航空公司
使用窄体机执飞中短程航线，为其宽体机执飞远程航线输送客源。

　　窄体机占据全球运输机队的主要份额。2015 年全球在役窄体机
14870 架，占全球运输机队总量的 66%。其中，美国波音公司生产的
B737 系列机型和欧洲空中客车公司生产的 A320 系列机型是窄体机的
典型代表。B737 诞生于 20 世纪 60 年代，经历了 B737 Classic、B737
Next Generation 和 B737 MAX 三代发展，累计交付全球用户近 10000 架。
A320 诞生于 20 世纪 80 年代末，已经历了 A320 CEO 和 A320 NEO 两
代发展。此外，美国波音公司生产的 B757 系列、美国麦道公司（1997
年并入美国波音公司）生产的 MD80/90 系列、苏联图波列夫设计局研
制的 TU154 等机型也是知名的窄体机，尽管已经停产，但在现役机队

中仍保有一定规模。

由于较强的市场适应性和运营经济性，窄体机仍将占据未来航空市场的主导。中国、俄罗斯、加拿大等国家相继启动了窄体机的研发生产计划。其中，中国商用飞机公司的 C919 飞机已经于 2017 年 5 月 5 日完成首飞。技术上，窄体机将加大复合材料、空气动力学

窄体机客舱

优化、高效能发动机等技术应用，不断提高运营安全性、经济性和节能环保性能。

宽体机

宽体机是指机身宽度超过 5 米，客舱一排最少布局 7 个座位和 2 条通道的运输飞机。

宽体机是为提高飞机的空间、舒适度、使用效率和降低运营成本设计的，以满足不断增长的航空客货运需求。

航空技术进步和市场需求增加共同促成了宽体机的诞生。1970 年，在世界第一架宽体机波音 B747 飞机投入使用之后，宽体机历经了数次更新换代。截至 2018 年，最先进的宽体机波音 B787 梦想飞机和空客 A350 飞机均已投入使用。

相比窄体机，宽体机拥有更宽的机身尺寸。截至 2018 年，世界上机身宽度最小的宽体机是 B767 飞机，机身外部宽度 5.03 米，内部宽度

4.72 米；宽度最大的宽体机是 A380 飞机，机身外部宽度 7.14 米，内部宽度 6.54 米。就宽体客机而言，B747 飞机采用了部分双层结构，A380 飞机采用了双层四通道结构，其他机型则采用了单层双通道结构。

宽体机具备良好的远程航线经济性，主要适用于 5 小时（4000 千米）以上航程、每班旅客量 200 人以上或货物 50 吨以上的远程干线客货运航线。网络型航空公司通常使用窄体机和宽体机共同组成的混合机队，以窄体机运营中短程航线为其航空枢纽输送客货源，以支撑其由宽体机运营的远程航线。

美国波音公司和欧洲空中客车公司是宽体机的主要制造商，另外还有俄罗斯联合航空制造集团公司。各制造商宽体机的主要机型有：B747、B767、B777、B787、A330、A340、A350、

A330 宽体机

A380、IL86、IL96 等。从技术发展来看，未来的宽体机将朝着更安全、更经济、更舒适、更环保的方向发展。从市场竞争来看，波音和空客占据了宽体机的主要市场份额。2017 年 5 月 22 日，中俄国际商用飞机有限责任公司在上海成立，标志着中国和俄罗斯宽体机联合研发生产计划正式启动，主要竞争机型是 B787 和 A350。

2017 年 9 月 20 日，空中客车天津 A330 宽体机完成和交付中心落成暨首架 A330 交付天津航空庆典仪式在空客天津总装公司举行。此架 A330 飞机为首架由空客中欧员工共同完成的宽体飞机，是中欧工业合

作的优秀成果和示范项目。

支线飞机

支线飞机是指座位数通常在 100 座以下的小型民用运输飞机。主要用于满足偏远地区、小城市之间、大城市与小城市之间的旅客运输。

◆ 分类

支线飞机按照座位数可以划分为 30 座级（28 ～ 40 座）、50 座级（40 ～ 65 座）、80 座级（70 ～ 85 座）和 100 座级（90 ～ 110 座）4 个级别。按动力类型可以划分为涡轮螺旋桨（简称涡桨）和涡轮风扇（简称涡扇）两类。支线飞机的典型代表机型见下表。

典型支线飞机分类表

动力类型	典型机型	生产厂家
涡桨类	F50、F70	荷兰福克飞机公司
	ATR42 和 ATR72	法（国）意（大利）合资 ATR 公司
	Dash 8 系列	加拿大庞巴迪宇航集团公司
	新舟 -60	中国西安飞机工业（集团）有限责任公司
涡扇类	CRJ 系列，包括 CRJ-200 系列、CRJ-700 系列、CRJ-900 系列等	加拿大庞巴迪宇航集团公司
	ERJ145 和 E- 系列	巴西航空工业公司

◆ 发展历史

支线飞机是为适应 20 世纪 50 ～ 60 年代在欧美兴起的支线航空而发展出的产物，特别是美国 1978 年对民航运输业实施"放松管制"政策以后发展更为迅速，形成了比较完整的支线飞机产品谱系。支线飞机对于完善航空运输网络结构、提高运输网络通达性、满足中小城市及边远和地面交通不便地区民众出行需求、提高大型枢纽机场设施使用效率等各方面都发挥了重大作用。

支线航空起源于欧美航空运输发达地区，相应这些地区支线机队规模也比较大。根据统计资料显示，2016 年北美地区支线飞机数量约占全球的 38%，欧洲地区约占 23%。支线飞机在美欧民航运输机队占比也比较高，分别达到 40% 和 30% 左右。21 世纪 10 年代，中国支线航空运输保持了较高发展速度，但受机型、地理条件、税收政策等方面因素影响，支线航空运输量和支线机队规模依然较小。2016 年，中国支线飞机在民航运输机队中占比仅为 6% 左右，与欧美地区差距明显。

全球范围内，英国、荷兰、法国、意大利、德国、瑞典、美国、加拿大、巴西、俄罗斯、日本和中国都具备支线飞机生产制造能力，其中加拿大庞巴迪公司、巴西航空工业公司和法（国）意（大利）合资 ATR 公司在全球支线飞机市场处于优势支配地位，市场份额达到 65%。ARJ21 飞机是中国商用飞机有限责任公司研制的

国产 ARJ21 飞机演示飞行

70～90 座级中短航程、双发涡扇支线飞机，也是中国首架拥有自主知识产权的涡扇类支线飞机。2007 年 12 月 21 日，ARJ21 支线飞机完成总装下线。2015 年 11 月 29 日，首架 ARJ21 交付成都航空有限公司。

2017 年 7 月 9 日，ARJ21 获得中国民航局颁布的生产许可证，标志着飞机正式进入批量生产阶段。

◆ 发展趋势

随着全球支线航空运输的持续发展，支线飞机也出现了一些新趋势。①涡扇支线飞机替代涡桨支线飞机趋势明显。涡桨类支线飞机由于运行成本、可靠性等方面的优势，在支线航空发展初期占有主体地位。但随着涡扇技术日益成熟、运行成本下降以及支线运输航程的逐渐增长，涡扇支线飞机在全球支线机队所占比例呈现不断上升趋势。②支线飞机大型化趋势明显。近年来欧美支线航空公司在原有向大型枢纽机场输送旅客的传统业务基础上，开辟了中小城市间的直航业务，航段长度和旅行时间都大幅增加，原来采用中小座级涡桨支线飞机的航空公司越来越多地采用了 100 座级的涡扇支线客机。根据 FAA 统计数据显示，1978 ~ 1987 年美国支线客机的平均座位数从 11.9 座增加到 20.1 座，2016 年已经增加到 61 座。欧洲支线航空平均每航班座位数已经达到 75 座，支线飞机和干线飞机之间的界限逐渐模糊。

全货机

全货机是专门用于运载货邮的运输飞机。

早在 1911 年，飞机便用来运输航空邮件。20 世纪 20 年代以后，飞机制造商开始设计和制造全货机。第二次世界大战期间，全货机得到了快速发展。德国首次设计 Arado Ar 232 全货机来替代容克斯 Ju52（Junkers Ju52）飞机。盟军大量使用在 DC-3 运输机基础上升级的 C-47

飞机来运输物资。举世闻名的驼峰航线使用的就是 C-47 运输机。全货机创新设计不断出现，包括尾部装货、液压起降机、后装载坡道等。

B747 最初只有客机，随后发展出全货机。B777F 全货

**重庆开通至卢森堡国际货运
定期航线的全货机**

机也是在 B777-200LR 客机的基础上发展而来的。

从全球看，全货机可以分为三种类型：由客机改装而来的货机、民用专用货机、军民共用货机。2016 年，全球民用运输机队规模为 23480 架，全货机为 1810 架，占全球机队的 7.7%。

截至 2018 年，全球生产民用全货机的主要国家或组织有美国、欧盟、俄罗斯。美国的全货机主要为波音系列和麦道系列，机型主要有 B727、B737-700C、B757、B767-300F、B767-300BCF、B777F、B747-400BCF、B747-8F、DC-3、DC-8、DC-9、DC-10、DC-11 等。欧盟的全货机主要为空客系列，机型主要有 A300、A310、A330-200F、A330-P2F 等。俄罗斯的全货机主要为安东诺夫系列、图波列夫系列和伊留申系列，主要机型有 An-12、An-26、An-32、An-124、An-225、伊尔 -76、伊尔 -96、图 -204 等。中国生产的全货机主要机型有运 -8F、运 -7F、运 -20 等。

全货机的出现，使得在全球范围内快速大规模运输物资成为可能，极大地促进了全球化进程。从全货机未来发展来看，占比较高的客机改

装货机市场潜力依然较大，货运时效性和可靠性的要求刺激了全货机市场发展，专业的全货机将继续发展。

飞机业载

飞机业载是指飞机装载的旅客、行李、货邮的重量之和。是描述飞机经济性能的重要参数之一。又称飞机业务载重量。

飞机飞行具有极高的可靠性和运营安全性要求，业载的限制十分严格。飞机最大业载与飞机自身因素、环境因素等密切相关。飞机自身因素主要包括飞机的基本重量、起飞油量、航段耗油量、飞机载重限额、飞机结构强度等。环境因素主要有机场海拔、环境温度、大气压强、风的方向和速度、跑道强度和长度等。

不同飞机最大业载差别很大。通常而言，在航班运行中，飞机最大起飞全重越大，业载量越大。例如，在同等条件下，单通道飞机的业载重量低于双通道飞机。

理论上，飞机的最大业载由最大起飞重量、最大着陆重量、最大无油重量、飞机基本重量、起飞油量等决定。根据以下 3 个公式测算最大业载，取其最小值。

1. 最大业载 = 最大起飞重量 − 飞机基本重量 − 起飞油量

2. 最大业载 = 最大落地重量 − 飞机基本重量 − 备油重量

3. 最大业载 = 最大无油重量 − 飞机基本重量

实际测算最大业载时，需要在分析飞行环境和运行条件的基础上，考虑飞机最大起飞总重量、最大着陆重量等限定条件，查询飞行计划与性能手册的业载航程图得到。

飞机航程

飞机航程是指采用额定载重量，在标准的飞行条件和状态下，飞机可以飞行的最大距离。

航程是飞机性能重要指标之一。在影响飞机航程的因素中，发动机的耗油率是决定飞机航程的最主要因素。另外，飞机的载重量、飞行高度、飞行速度、气候、风向风速等因素也与航程有着密切的关系。

按照执飞的航线或飞机性能角度，可以将运输飞机分为短航程、中航程、长航程 3 类。欧洲航空安全组织认为短航程为少于 1500 千米，中航程为 1500 ～ 4000 千米，长航程为大于 4000 千米。美国的航空公司认为中、短航程为小于 3000 英里（约 4800 千米），长航程为大于 3000 英里。在以往的分类中，宽体飞机一般都是长航程，单通道飞机一般都是中、短航程，短航程主要是支线飞机。但随着支线飞机性能的提升，其航程与单通道飞机差别不大，中、短航程飞机已经很难区分。

运输飞机的飞行可以视为给定航程、运行环境、一定载重量、运行规则等条件下的成本最小问题。在实际运营中，民用运输飞机一定条件下的航程与业载的组合在飞行计划与性能手册中可以查到，也可以通过飞机性能分析软件来进行测算。

随着发动机节油技术不断改进，燃油效率不断提升，复合材料、超轻材料等在飞机制造中应用得越来越广泛，飞机自身重量越来越轻，在同等的载重条件下，飞机航程越来越远。

飞机寿命

飞机寿命是指飞机从开始运营到退役的使用时间。

飞机最初出现时，并无完善的寿命概念，仅仅在飞机使用前后进行检查，确保飞机及零部件的完整。随着飞机事故的不断发生，金属材料及飞机结构研究的不断深入，人们逐渐认识到飞行前、后检查已经不能确保飞行安全。这要求制造商在进行飞机设计制造时，需要确定飞机及相关零部件的物理寿命指标。

基于此，逐步形成了飞机寿命的3项指标：飞行小时、飞行架次、日历年限。对于一架飞机的3项寿命指标，以最先达到的寿命指标为准。这种确定飞机寿命的方法，最大程度上从物理性能角度保证了飞机的安全使用，提升了民航运营的安全水平。

随着石油价格的上涨，燃油成本成为航空公司支出的最大成本项之一。航空公司发现飞机虽然未达到物理寿命指标，但是运营这些飞机的成本高于其收益，不再具备运营的经济性。基于此，将经济理念引进飞机寿命中，形成了飞机经济使用寿命的概念。

飞机回收

影响飞机寿命的因素不仅仅和机型相关，还包括航空公司的运营模式、运行的航线特点、飞行环境、维修条件、经济环境、油价变化、替代机型等其他因素。飞机制造商、运营商、租赁商从各自视角评估和论证飞机寿命问题。一般来讲，商业运输飞机的寿命可以达到 20 年，甚至更久。通过确定合理的飞机或者零部件的寿命，可以提前安排飞机维修方案，降低航空安全运营风险，提升民航安全管理和安全运行水平，确保航空飞行安全。

飞机结束服役周期之后面临被拆除和回收，像座椅、仪器、铝零件等可被回收。

著名航空公司

中国国际航空公司

中国国际航空公司是中国唯一载国旗的民用航空公司。一般指中国航空集团下属的中国国际航空股份有限公司。简称国际航空。公司代码 CA。

◆ 发展历史

国际航空最早可追溯至 1988 年 7 月，当时中国民航北京管理局的航空运输业务分离改组成立国际航空。2002 年 10 月，在中国国际航空公司、中国航空总公司、中国西南航空公司的基础上，组建中国航空集团公司，航空运输业务统一纳入国际航空。2004 年 12 月，国际航空在香港和伦敦证券交易所成功上市。2006 年

中国国际航空公司标志及总部大楼

8月，国际航空 A 股在上海证券交易所上市发行。2006 年 9 月，国际航空与国泰航空有限公司换股重组协议获各董事会批准。2007 年 12 月，国际航空正式加入星空联盟。2011 年 3 月，国际航空增资深圳航空，深圳航空成为国际航空的控股子公司。2016 年 7 月，根据《关于北京新机场航空公司基地建设方案有关事项的通知》，中国航空集团公司等星空联盟成员保留在首都机场运营。2016 年 9 月，国际航空与汉莎航空签订航线联营合作协议，联合运营欧洲与中国之间的重要航线服务。

◆ **运营情况**

国际航空的主要枢纽包括北京首都机场、成都双流机场、深圳宝安机场、上海浦东机场等。2016 年，国际航空（含控股公司）共拥有飞机 623 架，经营客运航线 378 条，通航国家和地区 41 个，通航城市 176 个；通过与星空联盟成员等航空公司的合作，将服务进一步拓展到 192 个国家和地区的 1330 个目的地。

◆ **影响力**

国际航空的飞机在空中飞行

国际航空是中国国际航线网络最发达的航空公司，也是中国唯一一载国旗的民用航空公司，在国内航空公司中品牌价值名列前茅，在航空客运、货运及相关服务诸方面，均处于国内领先地位。

中国东方航空公司

中国东方航空公司是总部设在上海的中国国有大型骨干航空公司。是中国东方航空集团公司的核心企业。简称东方航空，公司代码MU。

◆ 发展历史

1987 年 12 月，根据中国民航管理体制改革要求，按照"政企分开"原则，中国民航上海管理局分设为中国民航华东地区管理局、中国东方航空公司和上海虹桥国际机场。1988 年 6 月 25 日，中国民航上海管理局的航空运输业务分离后改组，在上海正式成立东方航空。1993 年 10 月，中国东方航空集团公司成立，实现了由区域性航空公司向国际性航空公司的转变。1994 年 12 月 31 日，以东方航空上海总部和子公司整体改制为股份公司，其他没有关联的全资子公司及在合资企业中的全部股权从东航分立成为东方航空集团公司。1997 年 2 月 4 日、5 日及 11 月 5 日，东方航空分别在纽约证券交易所、香港证券交易所和上海证券交易所成功挂牌上市，成为首家在纽约、香港、上海三地上市的中国航企。1998 年 8 月，东方航空与中国远洋运输（集团）总公司联合组建中国货运航空有限公司。2002 年，东方航空与中国西北航空公司、云南航空公司联合重组为中国东方航空集团公司。2009 年，东方航空与上海

中国东方航空 A300 飞机降落

航空公司联合重组，成为担负服务国家战略、建设上海国际航运中心的主力之一。2010 年，东方航空四川分公司成立，基地在成都双流国际机场。同年，中国东方航空集团公司与云南省政府在云南昆明举行揭牌仪式，正式宣布由中国东方航空集团所属东方航空股份有限公司与云南省国资委共同投资，以东方航空云南分公司为主体组建的合资公司——东方航空云南有限公司成立。2011 年 6 月 21 日，东方航空正式加入天合联盟。2014 年，东方航空全球排名已攀升至第七位。

◆ 运营状况

中国东方航空集团总部位于中国经济最活跃、最发达的城市——上海。主基地在上海虹桥和浦东机场，其他基地还有西安咸阳机场、昆明长水机场、南京禄口机场、济南遥墙机场、青岛流亭机场等。东方航空运营着近 600 架客货运飞机组成的现代化机队。作为天合联盟成员，东方航空航线网络通达全球 177 个国家、1062 个目的地。2016 年，东方航空旅客运输量超过 1 亿人次，位列全球第七。

◆ 影响力

东方航空在航空运输主营业务方面，实施"中枢网络运营"战略，建立以上海为中心、依托长江三角洲地区、连接全球市场、客货并重的航空运输网络。2009 年以来，东方航空品牌得到了社会各界的广泛认可。获得"中国民航飞行安全五星奖"，进入"最具创新力中国公司 25 强""中国最具价值品牌 30 强"。

中国南方航空公司

中国南方航空公司是中国大型网络型国有航空公司。一般指中国南方航空集团下属的中国南方航空股份有限公司。简称南方航空。公司代码 CZ。

◆ 发展历史

南方航空于 1984 年在广州成立。南方航空最早可追溯至 1950 年 5 月在广州设立的中央军委民航广州办事处。1969 年，民航广州管理局组建运输服务队，开始自主运营。1984 年，中国民航局进行重组，将民航运输业务拆分为 4 个主要的航空公司，其中，民航广州管理局下辖的南方航空是其中之一。1992 年 12 月，

南方航空的飞机在空中飞行

南方航空与民航广州管理局正式分开，成为自主经营、自负盈亏的经济实体，直属当时的中国民用航空局。1997 年 7 月，南方航空在美国纽约证券交易所和香港联合交易所同时挂牌交易。2002 年 10 月，以原来的中国南方航空（集团）公司为主体，联合中国北方航空公司和新疆航空公司组建中国南方航空集团有限公司，运输业务重组新的南方航空。2003 年 7 月，南方航空在上海证券交易所成功上市。2007 年 11 月，南方航空正式加入天合联盟，成为中国首家加入世界航空联盟组织的航空公司。2009 年 12 月，南方航空开启"广州之路"建设。2012 年 9 月，

南方航空与河南航投合资成立中国南方航空河南航空有限公司。2017年3月，美国航空入股南方航空。

◆ **运营情况**

截至 2016 年底，南方航空拥有客货运输飞机 702 架，通达全球超过 40 个国家和地区、224 个目的地，通过与天合联盟成员密切合作，航线网络延伸到全球 1062 个目的地，连接 177 个国家和地区。2016 年，实现旅客运输量 1.15 亿人次，货邮运输量 161.3 万吨，总周转量 243.9 亿吨公里。南方航空以广州白云机场、乌鲁木齐地窝堡机场、北京首都机场、重庆江北机场等为主要枢纽。

◆ **影响力**

截至 2018 年，南方航空是中国运输飞机最多、航线网络最发达、年客运量最大的航空公司。2016 年，南方航空旅客运输量居亚洲第一、世界第三。南方航空是中国第一家创建电子商务平台的航空公司，成功推出了国内首张电子机票。

第2章

通用航空

通用航空是指除军事、警务、海关缉私飞行和公共航空运输飞行以外的民用航空活动。

◆ **发展情况**

通用航空和公共航空是民航业发展的两翼。中华人民共和国成立初期称为专业航空，1986年颁布的《国务院关于通用航空管理的暂行规定》将专业航空改名为通用航空，与国际上常用名称一致，定义为使用民用航空器从事为工业、农业、林业、牧业、渔业生产和国家建设服务的作业飞行，以及从事医疗卫生、抢险救灾、海洋及环境监测、科学实验、教育训练、文化体育及游览等飞行活动。

中国通用航空始于1930年，国民党军事陆地测绘局创办了航空测量队，采用航空摄像测量的方法绘制军事地形图，承担水利、铁道、地质等部门委托的一些航测任务，比国际通用航空起步晚20多年（国际上通用航空创立于1910年左右，从航空摄影试验飞行开始）。1951～1955年，中国民用航空局没有单独设立通用航空机构，由局商务处兼办通用航空业务工作。1956年成立专业航空处，1980年成立专业航空局，1982 年改为专业航空司。

中华人民共和国通用航空发展经历开创发展期、发展低潮期、恢复发展期、发展低谷期、持续发展期和快速发展期 6 个阶段。

开创发展期（1952 ～ 1960）

累计完成作业飞行 10.6 万小时，年均作业量 1.18 万小时。通用航空作业从年飞行 959 小时增长到 6.48 万小时，年均增长超过 150%，在航空护林、物探、勘查、农业施肥等领域发挥了重要作用。

发展低潮期（1961 ～ 1977）

累计完成作业飞行 40.5 万小时，年均作业量 2.38 万小时。1961 年中国经济困难，通用航空生产开始下降，1963 ～ 1965 年，随着国民经济恢复，通用航空生产年均增长 9.7%。"文化大革命"期间，通用航空发展受到很大冲击。

恢复发展期（1978 ～ 1991）

累计完成作业飞行 57.6 万小时，年均作业量 4.12 万小时。1986 年颁布《国务院关于通用航空管理的暂行规定》，明确了通用航空归口管理单位，规范了报批手续、审批程序等管理制度。

发展低谷期（1992 ～ 1994）

累计完成作业飞行 10.7 万小时，年均作业量 3.57 万小时。由于民航直属通用航空企业大规模转轨从事航空运输，通用航空作业量发生严重下滑，1994 年作业飞行仅 3.07 万小时，比 1991 年下降了 37.3%。

持续发展期（1995 ～ 2000）

累计完成作业飞行 25.5 万小时（不含飞行培训），年均增长 4.3%。

1995 年颁布《中国民航总局党委关于发展通用航空若干问题的决定》，通用航空发展逐步摆脱桎梏，提高了工业航空、农林业航空等发展水平，开创了若干新兴领域通用航空业务。

快速发展期（2001 ～ 2018）

国务院、中央军委颁布了《关于深化我国低空空域管理改革的意见》（国发〔2010〕25 号）、《国务院办公厅关于促进通用航空业发展的指导意见》（国办发〔2016〕38 号）等文件。随着经济持续高速增长，通用航空发展加速，2017 年通用航空作业

海南低空空域管理改革试飞活动启动仪式现场（2011 年 1 月 28 日）

飞行 80.8 万小时，获得经营许可证的通用航空企业 365 家，在册航空器总数达到 2292 架。

◆ **基本内容**

通用航空是以通用航空飞行活动为核心，涵盖通用航空器研发制造、市场运营、综合保障以及延伸服务等全产业链的战略性新兴产业体系，具有产业链条长、服务领域广、带动作用强等特点。

◆ **经济效益**

经济效益方面主要包括：①直接服务生产活动，提高生产效率。服务于农业、林业、牧业、渔业、工业、建筑、交通、能源等国民经济建设基础行业，提供海洋油气资源开发、遥感测绘、港口引航、飞播造林、高空管线巡视、农业病虫害防治、短途运输、公务飞行、能源探测等服

务。②带动高端装备制造业发展。带动先进复合材料、航空电子、通信导航、动力装备等产业发展和创新，促进相关高端装备制造业和高新技术产业发展。③促进高端现代服务业发展。直接服务于高端客户群体，是现代服务业组成部分，带动培训、维修、托管、航油、金融、保险等服务产业，促进科技、地产、旅游、中介服务等发展。

◆ 社会效益

社会效益方面主要包括：①提升公共服务水平。为应急救援、森林消防、海事救助、海洋维权、医疗救护、高楼灭火、抢险救灾等社会公共服务领域提供有力的保障，是构建国家航空应急救援体系的社会化基础，在环境保护与综合治理、科学研究等领域发挥重要作用。②提升城市管理水平。为城市提供交通指挥疏通、行政巡察、空中巡查、应急处置、治安监控、环境监测等服务功能，是第一时间处理突发事件及高效日常管理

东北地区首家航空医学救援基地在
辽宁省人民医院落成并投入使用
（2018 年 3 月 30 日）

的现代工具。③促进国家安全。具有准军事性质，通用机场是国防基础设施的重要组成部分，通用航空制造为军队装备提供重要技术支持，是国防动员力量。

◆ 发展趋势

预计未来中国通用航空将出现基础设施网络化、运行智能化、产业融合化、市场多样化、发展社会化趋势，建成空地一体化网络化保障体

系，实现系统化智慧化高效运行，"通用航空＋"多产业深度融合，无人机成为重塑通用航空安全与发展格局的新动力，全产业链生态圈不断完善，呈现多样化、特色化、高质量发展局面。

通用航空活动

空中游览

空中游览是指使用民用航空器在以起降点为中心、半径 40 千米的空域内载运游客进行以观赏、游览为目的的飞行活动。

中国民用航空总局 1989 年 1 月颁布的《关于经营空中游览业务的暂行规定》中首次对空中游览进行了定义：空中游览是指游客搭乘航空器（飞机、直升机、飞艇、气球）在特定地域上空进行观赏、游乐的飞行活动。1996 年 10 月，中国民用航空总局颁布《经营空中游览项目审批办法》（民航总局令第 58 号），细化了空中游览的定义，即企业按规定使用民用航空器在批准的区域上空载运游客进行观光飞行的经营活动。

2016 年 4 月，交通运输部颁布了《通用航空经营许可管理规定》（交通运输部令 2016 年第 31 号），指出空中游览是"使用民用航空器在以起降点为中心、半径 40 千米的空域内

厦门空中游览航线开通
（2013 年 2 月 7 日）

载运游客进行观赏、游览的飞行活动"。同年 8 月，中国民航局飞行标准司发布了《空中游览》（AC-91-FS-2016-33），进一步细化了民航管理体系中对空中游览在运行管理方面的内涵和外延，空中游览的定义被表述为"以取酬为目的，在航空器中实施的以观光游览为目的的飞行活动"，同时提出了空中游览以取酬为目的、为乘客提供景点解说、特定的运行区域和游览路线、一定的飞行频次、作为旅行团观光内容等重点管理要素。

空中游览观光体验视角独特，是"通航＋旅游"的有机融合形式之一，受到国务院、地方政府、专家学者和企业界的高度关注。2014 年 8 月，国务院颁布的《关于促进旅游业改革发展的若干意见》中鼓励低空飞行旅游，空中游览迎来快速发展期。

公务航空

公务航空是指使用民用航空器，按单一用户确定时间和始发地、目的地，为其商业、事务、行政等活动提供的无客票飞行服务。是通用航空包机飞行活动的一种方式。又称商务航空。

◆ 形成过程

公务航空概念最初来源于《通用航空经营许可管理规定》（中国民用航空总局令第 133 号）中的公务飞行，是指使用民用航空器按单一用户（企业、事业单位、政府机构、社会团体或个人）确定时间和始发地、目的地，为其商业、事务、行政等活动提供的无客票飞行服务。通常使用 30 座（含）以下的民用航空器（初级类航空器除外）。2016 年，中国民用航空局对《通用航空经营许可管理规定》进行了修订，将公务飞行、出租飞行经营项目整合到通用航空包机飞行中，以方便行政相对人申请此类经营项目。

◆ **有关定义**

通用航空器。指用以开展除军事、警务、海关缉私飞行和公共航空运输飞行以外航空活动的民用航空器。

公务机。开展公务航空飞行活动的通用航空器。

航空器代管服务。航空器代管人按照适用要求向所有权人提供的管理及航空专业服务，该种服务工作至少包括航空器运行安全指导材料的建立和修订工作，以及针对以下各项所提供的服务：①代管航空器及机组人员的排班；②代管航空器的维修；③为所有权人或代管人所使用的机组人员提供训练；④建立和保持记录；⑤制定和使用运行手册和维修手册。

◆ **相关规定**

分类管理

根据《通用航空经营许可管理规定》，通用航空业务分为载客类、载货类、作业类和培训类四类，公务航空按照载客类管理。

经营许可

从事公务航空的企业，应当取得通用航空经营许可。其中，中国民用航空局对通用航空经营许可及相应监督管理工作实施统一管理。中国民用航空地区管理局负责实施辖区内的通用航空经营许可管理工作。

运行许可

从事公务航空包机飞行的企业，应当按照交通运输部《小型航空器商业运输运营人运行合格审定规则》取得运行许可。从事公务航空代管飞行的企业，应当按照中国民用航空总局《一般运行和飞行规则》取得运行许可。

◆ 意义和影响

公务航空是中国通用航空领域新兴的飞行服务项目，具有安全、快捷、高效的特点，在提升政务和商务活动的出行效率、拉动通用航空消费需求等方面发挥了作用。

在第七届亚洲公务航空会议及展览会上展示的公务航空飞机
（2018 年 4 月 17 日）

通用航空包机飞行

通用航空包机飞行是指通用航空企业使用 30 座以下的民用航空器（初级类航空器除外），按照与用户所签订文本合同中确定的时间、始发地和目的地，为其提供的不定期载客及货邮运输服务。

◆ 形成过程

通用航空包机飞行最初定义来源于《通用航空经营许可管理规定》（中国民用航空总局令第 133 号），是指单一用户（企业、事业单位、政府机构、社会团体或个人）与通用航空企业签订包机合同，包租通用航空飞机和直升机为其出行提供的飞行服务。2016 年，中国民用航空局对《通用航空经营许可管理规定》进行了修订，将具备同类性质的公务飞行、出租飞行经营项目整合到通用航空包机飞行中，以方便行政相对人申请此类经营项目。

◆ **有关定义**

公务飞行。使用民用航空器按单一用户（企业、事业单位、政府机构、社会团体或个人）确定时间和始发地、目的地，为其商业、事务、行政等活动提供的无客票飞行服务。通常使用30座（含）以下的民用航空器（初级类航空器除外）。

出租飞行。由通用航空企业提供者提供飞机、机组、燃油和航空旅行所需的其他服务的飞行

2010APEC中小企业峰会代表飞抵四川宜宾

活动，使用者支付费用通常是以千米数或时间计费，再加上等候时间和机组等额外费用。

初级类航空器。一种设计简单的航空器，仅限于娱乐和私人使用，包括飞机、滑翔机、旋翼飞机、载人自由气球等，一般无动力驱动或者由一台自然吸气式发动机驱动。

◆ **相关规定**

分类管理

根据《通用航空经营许可管理规定》，通用航空业务分为载客类、载货类、作业类和培训类四类，通用航空包机飞行归入载客类管理。

经营许可

从事通用航空包机飞行的企业，应当取得通用航空经营许可。其

中，中国民用航空局对通用航空经营许可及相应监督管理工作实施统一管理。中国民用航空地区管理局负责实施辖区内的通用航空经营许可管理工作。

运行许可

从事通用航空包机飞行的企业，应当按照《小型航空器商业运输运营人运行合格审定规则》取得运行许可。

运营模式

采取不定期包机形式，由具备资质的通用航空企业与包机方签订包机合同并依合同要求运营。包机方将上述通用航空运输包机服务转售的，应与最终乘机人签订书面合同，明确涉及人员伤亡及财产损失的赔偿责任等。

◆ 意义和影响

通用航空包机飞行是一种重要的交通方式，能够改善交通不便地区的出行条件；能够提高商务出行效率；能够提供多样化、个性化的交通方式。

工业航空

工业航空是指使用民用航空器从事工业生产的航空作业。

◆ 主要内容

工业航空主要包括航空物探、空中巡查、航空海洋监测、航空电力巡线、直升机机外载荷飞行、航空摄影、航空石油服务等。

①航空物探。使用民用航空器及专用设备从空中测量地球各种物理场（磁场、电磁场、重力场、放射性场等）的变化，以了解地下地质情况和矿藏分布状况的航空作业。②空中巡查。使用装有或搭载专用仪器的民用航空器，对预先设计的区域和目标进行的空中观察、监测等航空作业。③航空海洋监测。使用装有或搭载专用仪器的民用航空器对领海和专属经济区内海洋资源使用、海洋污染情况进行的空中巡逻、监测和执法等飞行活动。④航空电力巡线。使用民用航空器为电力建设、输电线路维护提供的航空作业，包括输电线路基础施工、组装输电铁塔、施放导引绳、输电线路清洗、输电线路带电维修等项目。⑤直升机机外载荷飞行。以民用直升机为起吊平台进行的吊装、吊运等航空作业。⑥航空摄影。使用民用航空器及专用设备，以测绘为目的，从空中对地表景物进行拍摄的航空作业。⑦航空石油服务。

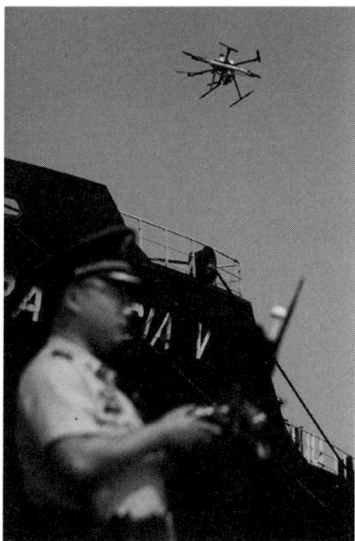

边检执勤人员在江苏常熟港兴华码头操作"边检空中巡查器"对港区进行巡查
（2014 年 9 月 28 日）

使用民用航空器在石油勘探开发的作业地至后勤保障基地间开展的人员物资运输以及空中吊装、空中消防灭火、搜寻救援等航空作业。

◆ 需求对象

服务城市规划、水利建设、铁路建设、矿藏开发、海上石油服务、城市安全巡查、海洋资源开发、电力系统维护、物资高空吊装等。

◆ **特点**

工业航空是工业现代化的重要组成之一，是将通用航空与工业紧密结合的业务类型，主要具有以下特点：

①突破作业限制。可以突破复杂地形、地面条件的限制，利用民用航空器快速到达作业现场，使用相应专业设备以较快速度在较大范围内完成相关作业。

②提高劳动效率。能大幅减轻室外工作人员的劳动强度，提高工业作业的精准度，降低工业作业成本。与传统人工作业相比，工作效率提高了几十倍至几百倍不等。

◆ **发展情况**

1986 年，颁布了《国务院关于通用航空管理的暂行规定》，提出工业作业飞行，主要是指使用民用航空器从事为工业服务的作业飞行。1991 年，中国民用航空局颁布《民航通用航空作业质量技术标准（试行）》，将航空摄影、航空探矿、航空测绘、海上石油勘探等列为工业作业飞行范围。2011 年，中国民用航空局颁布《通用航空术语》（MH/T 1039—2011），将航空物探、空中巡查、航空海洋监测、航空电力巡线、直升机机外载荷飞行、航空摄影、航空石油服务等统称为工业航空。

农业航空

农业航空是指使用民用航空器从事农林牧渔业生产的航空作业。

◆ **发展历史**

农业航空是中国农业生产机械化的重要组成部分，也是通用航空在农业生产中的应用形式之一。1975 年，中国民航系统在农业航空领域应用新技术，研制了超低量喷洒设备，雾化质量好，生产效率得到提高。1981 年，航空工业部在哈尔滨组建农业航空服务队，即中国飞机专业航空公司，并将其农业航空的产、供、销融为一体，成为中国最大的专业航空公司。1983 年，中国第一个农业企业自办的航空服务队在新疆生产建设兵团成立。1984 年，北京、河南、安徽等地农民开始订购超轻型飞机用于农业生产。1986 年，黑龙江农场总局成立了农业航空试验站。1992 年，沈阳市苏家屯区农用航空服务站成立，这是中国第一个由地方政府投资，隶属农机部门管理的农业航空单位。

◆ **主要内容**

1986 年，中国颁布《国务院关于通用航空管理的暂行规定》，提出农业作业飞行，主要是指使用民用航空器从事为农业服务的作业飞行。2011 年，中国民用航空局颁布的《通用航空术语》（MH/T 1039—2011）将航空喷洒（撒）、航空播种、航空护林、人工降水、气象探测、渔业飞行等统称为农业航空。

航空喷洒（撒）

航空喷洒（撒）是利用民用航空器和其安装的喷洒（撒）设备或装置，将液体或固体干物料，按特定技术要求从空中向地面或地面上的植物喷雾和撒播的飞行作业过程。主要用于农林牧业生

油菜种植区的航空喷洒（撒）作业

产过程中，具体作业项目有飞机播种、空中施肥、空中喷洒植物生长调节剂、空中除草、防治农林业病虫害、草原灭鼠、防治卫生害虫等。

航空播种

航空播种是使用民用航空器及专用播撒设备，从空中向地面目标区域播撒植物种子的航空作业。

航空护林

航空护林是使用航空器及专用仪器设备并配备专业人员，实施森林消防的航空作业。

人工降水

人工降水是在云中降水条件不足情况下，使用民用航空器向云层中喷洒催化剂，促进降水的一种方法。它需具备两个基本条件：一是天空中须有旺盛的浓积云系或有深厚层状云系；二是有催化剂的凝聚作用。常用的催化剂有干冰、盐粉、碘化银、尿素等。人工降水就是依靠催化剂的凝聚核作用，加大云中水滴直径，在云层气流发生强烈对流作用下，迅速形成雨或雪。用于人工降水作业的飞机，应有良好的高空飞行性能，实用升限应达到 4000 米以上，须有气象雷达和供氧设备。

气象探测

气象探测是使用民用航空器及专用设备对大气物理、大气化学和气象现象进行探测、测量的航空作业。

渔业飞行

渔业飞行是使用民用航空器及专业设备对渔业资源及使用情况进行空中巡逻、监测的航空作业。

◆ **主要作用和优点**

农业航空具备作业机动性好、适应性强、工作效率高等特点，应用范围广泛。在中国，农业航空主要集中在东北地区和新疆、山东等地。重点应用于对农作物、森林、牧草进行播种、施肥、防病、治虫、灭鼠和化学除草；对棉花、小麦和橡胶树等进行脱叶催熟与干化；对果树进行病虫害防治；对农作物喷洒激素以增加产量；应用于防治蚊蝇与钉螺、消云防雹、人工降水、侦查鱼群、空投鱼苗、水产资源调查、虫情和野生动物资源调查，以及投放治虫用的寄生蜂等。优点主要表现在速度快、效率高、质量好，尤其是在地面无法到达或无法进行地面作业的区域，或者突发病虫害的应急处理上更能发挥出作业优势。由于其作业效率高，与地面人工作业相比作业成本较低，因此特别适合大面积作业。

航空护林

航空护林是指使用民用航空器及专用仪器设备并配备专业人员，以保护森林资源为目的实施的森林消防航空作业。

◆ **发展历史**

1952 年，中国成立了第一个航空护林机构——东北航空护林中心。1961 年成立了西南航空护林总站。在东北和西南 7 个省区林区，建立了 23 个护林站点，直升机起降点 5 个，林业自建航空护林机场 12 个。

◆ **主要内容**

1991 年，中国民用航空总局颁布的《民航通用航空作业质量技术标准（试行）》，将航空护林分为巡护飞行和化学灭火两种类型。2011

年，中国民用航空局颁布的《通用航空术语》（MH/T 1039—2011）中对航空护林进行了定义，并分为巡护飞行、机降灭火、索（滑）降灭火、洒液灭火、吊桶灭火五类作业。

巡护飞行

巡护飞行是观察员乘坐通用航空器在林区上空巡察火情，对火情进行观察、判断、记录、报告，是重要的火情发现手段。国家森林防火指挥部开始利用气象卫星监测森林火灾，仍然不如航空护林空中主动发现效率高。空中主动发现是"第一时间"发现，为扑救赢得了先机，占据了主动，提高灭火成功率，将火灾可能造成的损失降到最低，实现森林灭火"打早、打小、打了"。

机降灭火

机降灭火是扑火队员乘坐直升机降落到火场附近，扑救森林火灾的航空作业。在林区发现火情后，利用直升机将专业扑火人员在第一时间快速空运到火场前线进行扑救，是最为普遍的灭火模式，最大优势在于速度快、机动性强、兵力投放准确到位，易于灭火队伍快速开展作业。

索（滑）降灭火

索（滑）降灭火是扑火队员通过悬停的直升机上的索（滑）降设备降至地面扑救森林火灾的航空灭火作业形式。

洒液灭火

航空洒液灭火是用通用航空器从空中直接向地面燃烧蔓延的火头火线洒水、喷洒化学灭火药剂，以达到灭火的目的。洒液灭火一般采用喷液灭火和吊桶灭火两种方式。

喷液灭火

喷液灭火是使用通用航空器喷洒化学灭火药剂或水扑救森林火灾的航空作业。用固定翼飞机装载化学灭火药剂，以机群作业方式，从距地面适当的高度，以适当的速度接力式向火头火线喷洒化学灭火药剂或水灭火。

吊桶灭火是使用直升机外挂吊桶装载化学药剂或水扑救森林火灾的航空作业。在人员无法靠近、十分危险的情况下，直升机载着吊桶从适当的高度以适当的速度将水或化学灭火药剂直接喷洒在火头火线上，将火直接扑灭或将火势控制在低强度状态，为地面扑火人员创造十分有利的灭火条件。

吊桶灭火

◆ **主要优点和作用**

森林火灾大多发生在深山密林或偏远地区，且烟雾弥漫、交通不便，防火指挥部不容易搞清森林火灾的具体情况，对制定科学有效的扑救方案造成了难度。依托航空护林飞机移动空中侦察瞭望平台，能够准确地判定出火区的位置、面积、火头火线位置及长度、火灾种类、燃烧强度、火场风向风力等，将火场详尽动态信息迅速传递给防火指挥部，能迅速制定出科学有效的扑火方案，尽快控制并消灭火灾。

航空护林为保护森林资源和生态环境、保护林区生命财产安全、维护林区社会稳定，以及在森林防火中发挥着不可替代的重要作用：是森林防火宣传工作的重要手段之一，能够引起社会各界重视；能够准确监测森林火情和快速实现信息传递，相对于高空卫星，航空护林在火情监测上准确率高、成本低，能够监测瞭望台视觉盲点、林区死角空白，具有不可替代性，为各级政府森林防火指挥部侦察火情、实施正确的决策和调度指挥提供了快捷有效的方法；能够实现山高坡陡交通不便的边远山区的快速到达和扑灭。

无人机物流

无人机物流是指使用无人机技术方案，为实现实体物品从供应地向接收地流通而进行的规划、实施和控制的过程。主要通过利用无线电遥控设备和自备的程序控制装置，操纵无人机运载相关物品并自动送达目的地。

◆ **概念形成过程**

2013 年，美国亚马逊公司首次提出"物流无人机末端配送"概念，主要是指利用无人机将相关物品从物流服务商最后一个配送网点送至消费者。2017 年，中国民用航空局首次批复在江西和陕西等地开展无人机物流配送应用试点，指出"无人机物流"是使用无人机开展快递物流配送。2018 年，京东集团和顺丰速运获得中国民用航空局无人机物流配送试点类（有期限约束）的经营许可，在陕西西安、江西赣州、四川川西等地开展无人物流配送，即：使用无人机开展生鲜及快件的运送。2020 年开始，中国越来越多的无人机运营公司使用无人机开展同城即时配送服务，逐步解决"第一公里配送"和"最后一公里配送"等难题。

◆ **基本内容**

业务类型

主要细分为：支线无人机运输、无人机快递（末端配送）、无人机救援（应急物流）以及无人机仓储管理（盘点、巡检等）等类别，其中以支线无人机运输和无人机末端配送为主要形式。

无人机配送服务

主要优点

高效率、省资源。相较于地面运输方式，无人机物流具有方便高效、节约土地资源和基础设施的优点，能够在交通瘫痪路段、城市拥堵区域、地面交通不便地区等实现物品的快速、高效派送。

成本低、调度灵活。相较于传统航空运输和通航运输方式，无人机物流具有成本低、调度灵活等优势，能填补现有航空运力空白。

各方协同、运力优化。在科学规划基础上，综合利用"互联网＋无人机"、机器人等技术和方式，实现产能协同和运力优化；能大幅降低人工成本、发挥"人机协同"效应，产生最佳商业效益。

发展模式

中国无人机物流处于初级发展阶段，以京东、顺丰、亿航、迅蚁为代表的无人机物流企业,除运营场景外在运营模式和管理方面基本类似,都是在固定的低空空域范围内，按照事先选择好的固定航线、固定高度进行飞行配送，采取相关保障运行和飞行措施办法（标准），采用合资、出资、自研等多种方式完善大中小型物流无人机等技术装备，逐步开展大范围的商业化运营。

◆ **相关规章文件**

主要有：《中华人民共和国民用航空法》《特定类无人机试运行管理规程（暂行）》《民用无人机驾驶员管理规定》《民用微轻小型无人驾驶航空器系统运行识别概念（暂行）》《无人驾驶航空器飞行管理暂行条例（征求意见稿）》。

◆ **作用和影响**

随着全球物流行业需求快速增长，快递和物资配送需求增长尤为明显，采用自动化管理、降本增效成为行业发展的必然方向。无人机既是新一代物流技术发展中的关键组成部分，也是"空中交通"全新产业中的一个重要细分领域，具有巨大的商用前景。大力发展无人机物流，通过合理利用闲置的低空资源，能有效减轻地面交通负担，节约土地资源和基础设施的投入，大幅降低人工成本，不断解决农村、海岛、山区、牧区、边防哨站等偏远地区配送难的问题，有助于打造现代物流体系，提高物资配送效率，也将推动碳达峰、碳中和目标的实现。

低空飞行服务站

低空飞行服务站是为真高 3000 米以下的通用航空活动提供飞行计划服务、航空气象服务、航空情报服务、飞行情报服务、告警服务、应急救援和其他相关支持的空中交通服务设施。低空飞行服务站和国家信息管理系统、区域信息处理系统等共同组成全国低空飞行服务保障体系。

◆ **概念形成过程**

低空飞行服务站的概念源于通用航空发展较早的美国，美国联邦航空管理局（FAA）将飞行服务站定义成：为通用航空提供广泛的飞行服务设施，主要包括提供气象服务、飞行计划服务、飞行支援和其他需要的帮助。2012 年，中国颁布实施的《通用航空飞行服务站系统建设和管理指导意见（试行）》指出：通用航空飞行服务站系统是为通用航空活动提供飞行计划服务、航空气象服务、航空情报服务、飞行情报服务、告警服务、应急救援和其他相关支持的空中交通服务系统。2018 年，中国颁布实施的《低空飞行服务保障

低空飞行服务站

体系建设总体方案》指出：低空飞行服务站既是低空飞行服务保障体系的重要节点，也是服务低空空域用户的窗口和平台，并从服务范围和功能角度出发将飞行服务站分为 A 类飞行服务站和 B 类飞行服务站。

◆ **基本内容**

主要功能

A 类飞行服务站：具备监视和飞行中服务等功能；具备飞行计划处理、航空情报服务、航空气象服务、告警和协助救援服务等功能，向服务范围内的通用航空飞行活动提供服务，定期向区域信息处理系统提供飞行计划及实施情况相关信息。

B类飞行服务站：具备飞行计划处理、航空情报服务、航空气象服务、告警和协助救援服务等功能，向服务范围内的通用航空飞行活动提供服务，定期向区域信息处理系统提供飞行计划及实施情况相关信息。

主要配置

①具有专门的通用航空服务场所；②配备飞行计划服务终端、航空情报服务终端、航空气象服务终端、飞行情报服务设施、告警和协助救援设施；③服务于监视空域的飞行服务站应当能与其覆盖范围内、装有相应装备的通用航空器进行直接、迅速、不间断和清晰的双向通信；④配备监视数据引接处理、记录回放设备，服务于监视空域的飞行服务站应引接能覆盖其服务范围的监视信号；⑤配备电话、传真机、打印机、电报收发设备、网络设备、专用的无线电台等通信设备；⑥配备专业的数据记录设备，记录并保存30天以上的飞行计划信息数据、航空情报信息数据、航空气象信息数据、飞行情报信息数据、告警和协助救援信息数据。

设立原则

每个省级行政区原则上设立1～3个A类飞行服务站，根据需要设立若干个B类飞行服务站。省（自治区、直辖市）人民政府协调军民航单位，统筹本行政区内低空空域划设及飞行计划管理需求，根据本行政区低空空域分类情况、通用机场布局规划以及通用航空发展实际，制定本行政区飞行服务站布局规划。飞行服务站应当明确其服务范围，根据运行需求确定具体功能模块，并配置相应的设施设备，在相关通用机场及通航活动区域部署信息收集、服务终端。

管理方式

①行业管理：参照空管单位实施管理，纳入民航空管行业管理体系和运行体系，由民航地区管理局会同省级人民政府主管部门对设立实施备案管理，并由民航地区管理局对运行实施符合性检查。

②社会化管理：由地方政府来规划、推进和补贴，既可以单独设立，也可以依托现行运输机场空管单位或通用机场设立。

现有低空飞行服务站见表。

现有低空飞行服务站（截至 2021 年底）

数量		省份	低空飞行服务站名称	类别	
东北	4	辽宁	沈阳飞行服务站	A	
			大连飞行服务站	A	
		吉林	长春飞行服务站	A	
		黑龙江	哈尔滨飞行服务站	A	
华东	5	浙江	浙江省低空飞行服务中心	A	
			万丰飞行服务站	B	
		上海	上海龙华飞行服务站	B	
		江西	江西通航服务中心	B	
		江苏	江苏（镇江大路）飞行服务站	A	
中南	7	海南	海南飞行服务站	B	
			海南通航飞行服务站	B	
		广东	广州中宇航信飞行服务站	B	
			珠海通航飞行服务站	B	
			广州通航飞行服务站	B	
		湖南	湖南省通航服务中心	A	
			长沙飞行服务站	A	
西南	4	四川	四川省低空空域协通运行中心	A	
			川南（自贡）飞行服务站	B	
		重庆	重庆龙兴飞行服务站	B	
		云南	云南省通用航空飞行服务站	B	

续表

数量	省份	低空飞行服务站名称	类别	
西北	7	陕西	民用航空陕西低空飞行服务站	A
			誉翔外航（西安）飞行服务站	B
			西部通用机场有限公司飞行服务站	B
		甘肃	易鹏航空甘肃飞行服务站	B
			张掖丹霞通用机场飞行服务站	B
		宁夏	宁夏睿宝通航飞行服务站	B
		青海	青海炫飞低空飞行服务站	B

◆ 相关规章文件

主要有：《中华人民共和国民用航空法》《通用航空飞行服务站系统建设和管理指导意见（试行）》《低空飞行服务保障体系建设总体方案》。

◆ 意义和影响

大力建设低空飞行服务站既是落实《关于促进通用航空业发展的指导意见》《"十四五"民用航空发展规划》《通用航空发展"十四五"规划》的重要举措，也是完善中国低空飞行服务保障体系的重要内容，能够进一步促进低空空域的安全、有效开发利用，全面保障通用航空飞行活动的便捷开展，激发公务航空、低空旅游、私人飞行、无人机物流等新兴业态的发展活力，将为中国通用航空在"十四五"时期实现高质量发展提供重要保障，为各省市区发展低空经济提供关键支撑。

飞行培训

飞行培训是指以掌握飞行驾驶技术，获得商用驾驶员执照、私用驾驶员执照、运动驾驶员执照为目的而开展的使用民用航空器的教学培训活动。

中国的飞行培训起源于民国时期，1913 年，北京创立了亚洲第一所飞行培训学校——南苑航校，开启了中国飞行培训的历史。1928 年10 月 10 日，中国第一所民办航空学校——厦门民用航空学校成立。1956 年 5 月 26 日，国务院批准中国民用航空局航空学校（中国民用航空飞行学院的前身）成立，是中国民航开展飞行培训的第一所正规学校，开始了政府主导的民航飞行培训历程。

民航飞行培训概念起源于 1986 年《中国民用航空法》提出的教育训练。2004 年 12 月 2 日，《通用航空经营许可管理规定》（中国民用航空总局令第 133 号），在甲类通用航空企业经营项目中首次明确了私用或商用飞行驾驶执照培训的术语解释。2016 年 4 月，交通运输部发布的《通用航空经营许可管理规定》（交通运输部令 2016 年第 31 号）中，对上述定义进行了进一步完善，纳入了运动驾驶员执照培训，明确了甲类经营性通用航空企业中包括商用、私用、运动驾驶员执照培训，并在术语中明确其定义为：使用民

飞行员在全动模拟机上模拟飞机驾驶

用航空器，以掌握飞行驾驶技术，获得商用驾驶员执照、私用驾驶员执照或运动驾驶员执照为目的而开展的飞行活动，包括正常教学飞行、教官带飞、学员在教官的指导下单飞，但不包括熟练飞行。

截至 2016 年底，中国境内的 141 部《民用航空器驾驶员学校合格审定规则》（CCAR-141）飞行培训学校一共有 20 家，规模较大的有中国民用航空飞行学院、青岛九天国际飞行学院股份有限公司、湖北蔚蓝国际航空学校股份有限公司、中国民航大学、海南航空学校有限责任公司、中国飞龙通用航空有限公司、新疆天翔航空学校等，还有境外 27 家航校持有现行有效的 CCAR-141 部境外飞行培训学校认可证书，主要分布在美国、法国、加拿大、澳大利亚、捷克等国家和地区；中国境内一共有 82 家 61 部飞行训练机构。

通用航空器

通用航空器是指用以开展除军事、警务、海关缉私飞行和公共航空运输飞行以外航空活动的民用航空器。

◆ 分类

通用航空器概念由飞行器、航空器、民用航空器等演变而来。其中，在地球大气层内或大气层之外的空间飞行的器械统称飞行器，分为航空器、航天器、火箭和导弹三大类。航空器是指在大气层内飞行的飞行器；航天器是指主要在大气层之外的空间飞行的飞行器。民用航空器指除用于执行军事、海关、警察飞行任务外的航空器。通用航空器包括有人驾驶航空器和无人驾驶航空器（无人机）。

通用航空器（不含无人机）需要具有民航局颁发的适航证（airworthiness certificate）方可飞行。适航证分为标准适航证和限制适航证，只拥有临时国籍证的航空器不能申请适航证，但可以申请特许飞行证，依据《民用航空产品和零部件合格审定规定》（CCAR-21-R4）等进行；中国通用航空器运营按照载人类、载货类、作业类和培训类进行监管。无人机管理在全球处于探索阶段，欧洲航空安全局（EASA）公布《无人机运营规则》，分为开放类（低风险）、特许经营类（中等风险）、审定类（高风险）进行监管；美国按照民用和公共用途分类监管，中小型民用无人机按照商业用途和娱乐用途监管；中国正实施无人机实名注册制度，将构建无人机适航管理体系。

◆ 应用

通用航空器具有广泛的民用用途，包括通用航空包机飞行、石油服务、直升机引航、医疗救护、商用/私用/运动驾驶员执照培训、空中游览、直升机机外载荷飞行、航空摄影、海洋监测、城市消防、空中巡查、电力作业、航空器代管、跳伞飞行、航空喷洒（撒）、空中拍照、空中广告、科学实验、气象探测、个人娱乐飞行等。

截至 2017 年底，全球共有约 36 万架通用航空器（不含无人机），其中美国有 20 多万架，中国有 2292 架。世界知名的通用航空器制造厂商为赛斯纳飞机公司、西锐飞机设计制造公司、奥地利钻石飞机制造公司、空客直升机公司、贝尔直升机公司、罗宾逊直升机公司和湾流宇航公司等，中国主要的通用航空器制造厂商为中航通用飞机有限责任公司、中航直升机有限责任公司等，其中 Y12、Y5 系列成为销售最多的通用航空器。

通用航空器研发制造属于战略性新兴产业，《关于促进通用航空业发展的指导意见》（国办发〔2016〕38 号）提出加快国产航空器研发制造，打造通用航空全产业链，加快形成国民经济新增长点。通用航空器制造是军民融合领域的重要内容，有利于促进军民融合发展。

飞行服务站

飞行服务站是为通用航空活动提供飞行计划服务、航空气象服务、航空情报服务、飞行情报服务、告警服务、应急救援和其他相关支持的空中交通服务设施。又称通用航空飞行服务站。

飞行服务站配置主要包括：①通用航空服务场所。②配备飞行计划服务终端、航空情报服务终端、航空气象服务终端、飞行情报服务设施、告警和协助救援设施。③服务于监视空域的飞行服务站，应当能与其覆盖范围内装有相应装备的通用航空器进行直接、迅速、不间断和清晰的双向通信。④配备监视数据引接处理、记录回放设备。服务于监视空域的飞行服务站应引接能覆盖其服务范围的监视信号。⑤配备电话、传真机、打印机、电报收发设备、网络设备、专用的无线电台等通信设备。⑥配备专业的数据记录设备，记录并保存30天以上的飞行计划信息数据、航空情报信息数据、航空气象信息数据、飞行情报信息数据、告警和协助救援信息数据等。

中国飞行服务站系统由通用飞行服务系统信息处理中心和通用飞行服务站构成。飞行服务站向通用航空用户提供以下服务：飞行前讲解、飞行计划受理、飞行中计划变更、飞行情报服务、飞行中设备故障报告、飞行员气象报告、飞行活动数据记录、告警和协助救援服务、飞行计划实施报告、飞行员报告、飞行活动统计和飞行计划完成报告等。

从飞行服务站发展看，美国建成3个24小时通用航空区域飞行服务中心、58 个自动航空飞行服务站，通过高速网络互联，形成统一的通用航空飞行服务体系；加拿大的航空飞行服务体系由大型集中的飞行情报中心和地方飞行服务站构成。2012 年，中国开展沈阳法库、深圳南头、珠海三灶、海南东方 4 个通用航空飞行服务站建设并试点，现正加快推进区域飞行服务体系建设。

美国航空飞行服务站发展方向值得借鉴，使通用航空公司廉价、快捷、简单、准确地获取飞行服务信息，能有效降低运营成本，提高作业效率，促进自用飞行便捷、经济、高效。从发展趋势看，现代的互联网技术、3G/4G/5G 通信技术将大幅提升自动化程度。中国未来航空飞行服务站将主要通过互联网或移动终端提供飞行计

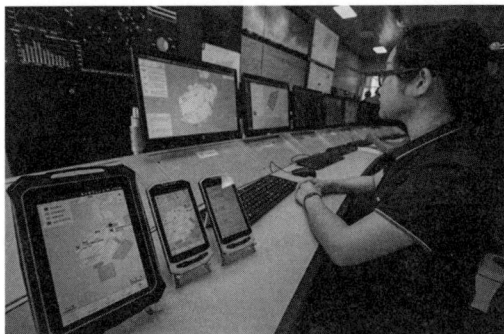

海南通航飞行服务站的工作人员正在忙碌

划可视化制作、申报和审批服务，航路或作业区的气象情报及航空情报，通用航空器监视业务等。

中国加快建设航空飞行服务站是促进通用航空业发展的重要举措，有利于将通用航空业打造成中国新的经济增长点；围绕航空飞行服务站建设与运营，能够催生新业态，壮大通用航空业。

目视航图

目视航图是指飞行员在目视飞行规则下，依托地形、地貌、地标等

地面环境作为主要导航依据的民航航图，是低空目视飞行的运行基础和重要保障。

根据民航行业规定，航图是保证航空器运行以及其他民用航空活动所需要的有关规定、限制、标准、数据和地形等，以一定的图表形式集中编绘、提供使用的各类专用图种的总称。目视航图是属于航图的一种，标绘了地形地貌、山川河流、交通线路、居民区、等高线、人工障碍物等自然地理要素和主要人文要素，同时还标绘了民用机场、导航设施、管制区域、特殊空域、航路航线等民用航空情报资料，主要用于飞行员实施各类低高度、低航速的目视飞行活动。

美国现有的目视航图主要包括六类：区域目视航图、终端区目视航图、加勒比海湾目视航图、墨西哥湾目视航图、大峡谷区目视航图、直升机专用目视航图。

区域目视航图。目视飞行规则下，飞行员实施中低空低速、短程或中短程飞行时参考的航图，比例尺约为1∶500000，主要为中低速航空器进行目视飞行参考而设计。图中地形资料主要包括等高线、地貌轮廓、水域、数量众多的地标及目视参考点，关键信息包括城镇、铁路、公路等在内的显著地标，以及目视及无线电导航设施、机场、管制空域、限制空域及重要障碍物等。

终端区目视航图。目视飞行规则下，飞行员实施在机场及附近区域飞行而使用的带有机场及周边详细描述的航图，比例尺约为1∶250000，覆盖范围在B类空域内。资料与区域图相似，比例尺大，资料内容更为详细。

加勒比海湾目视航图。主要覆盖范围为加勒比海湾地区，航图要素主要有目视及无线电导航设施、机场、管制空域、限制空域及重要障碍物等航空要素，以及等高线、地貌轮廓、水域等地形要素，还包括一些显著的地标点或地标建筑。

墨西哥湾目视航图。为在墨西哥湾区域内的直升机飞行而设计的航图，主要描述远离海岸的采矿区、石油钻井平台和高密度直升机活动区，比例尺约为 1 ： 100000。

大峡谷区目视航图。主要覆盖范围为大峡谷区国家公园，主要为推广此区域内的自由飞行和其他飞行活动。此目视航图正反两面印制，一面供一般目视飞行的飞行员参考使用，另一面供带有商业性质的目视飞行的飞行员参考使用。

直升机专用目视航图。主要为直升机飞行员提供参考，航图中标注直升机航路、直升机场、导航设施、障碍物、主要道路和易辨的地标。有效期长，出版后可流通若干年，新图均用不易损坏的塑料制成，比例尺约为 1 ： 125000。

中国现有的目视航图主要是全国目视飞行航图，是中国民用航空局于 2019 年 12 月 26 日在北京正式发布的。作为全国目视飞行航图的官方发布渠道，"中国民航通用航空信息服务平台"（网址：ga.aischina.com）也于当日同步上线运行，通航用户可以通过该平台方便、快捷地查阅和使用全国目视飞行航图等一系列通用航空情报产品。全国目视飞行航图的成功发布，填补了中国低空飞行服务保障领域的长期空白，有效提升了低空飞行服务保障能力和通用航空安全运行水平。

全国目视飞行航图是中国首款数字化目视航图,具有航图要素数字化、产品发布网络化、数据信息集约化、使用方式便捷化等显著特点,其发布内容数据种类主要包括三方面:一是全国范围1∶25万、1∶100万民航专题地理信息数据;二是全国范围高清卫星影像数据;三是民航业务数据,具体涉及通用机场、通航作业区、低空目视空域、低空目视航线等通用航空业务数据,以及运输机场、导航设施、管制区域、特殊空域、航路航线等运输航空业务数据。全国目视飞行航图中的民航专题地理信息数据和高清卫星影像数据均来源自国家相关主管部门或权威机构的各类基础数据,后期经民航部门加工处理后进行发布,民航业务数据则是由民航部门自主收集、设计、制作和发布的。

第 3 章

民用机场

民用机场是指从事民航旅客、货物和邮件运输或通用航空活动的机场。分为运输机场和通用机场两大类。一些机场同时从事民航运输和军事活动，称为军民合用机场。军民合用机场的民航部分，视同民用机场。

◆ **分类**

根据航空活动性质，可以将民用机场分为运输机场和通用机场。运输机场主要从事定期客货航班运输服务。通用机场服务于各种通用航空活动，即除了公共民航客货运输以外的其他飞行活动。根据中国民航通用机场建设规范，通用机场按其运行的飞机座数或月飞行架次，分为一类、二类和三类。通勤机场属于通用机场，承担民航通勤飞行任务，即航空承运人使用小型飞机提供定期或不定期的航空运输服务，具有"三小一低一灵活"（小航线、小机型、小机场、低门槛、运输组织灵活）等特点，在解决小运量的点到点航空运输中优势明显。

◆ **组成**

大型民用机场包括飞行区、航站区、货运区、工作区、机务维修区等功能区。其中，飞行区和航站区是机场的核心功能区，也在一定程度上决定了机场规模和运输能力。

飞行区是供飞机起飞、着陆、滑行和停放的区域，飞行区等级表征了机场对飞机的接纳能力。《国际民航公约》附件14《机场设计与运行》采用基准代号（含代码、代字）用于机场规划。中国民航在《民用机场飞行区技术标准》中采用指标Ⅰ和指标Ⅱ进行飞行区分级。指标Ⅰ相当于代码、指标Ⅱ相当于代字，本质上与《国际民航公约》附件14的基准代号相同。机场飞行区等级划分见表1。表中飞机基准飞行场地长度，是指飞机以规定的最大起飞质量，在海平面高度、标准大气条件、无风和跑道纵坡为零条件下起飞所需的最小飞行场地长度。指标Ⅱ与飞机翼展和主起落架外侧轮距有关，应选用翼展和主起落架外侧轮距中要求较高的代字。

表1 飞行区等级指标

飞行区指标Ⅰ（代码）	飞机基准飞行场地长度（m）	飞行区指标Ⅱ（代字）	翼展（m）	主起落架外轮距（m）
1	< 800	A	< 15	< 4.5
2	800—< 1200	B	15—< 24	4.5—< 6
3	1200—< 1800	C	24—< 36	6—< 9
4	≥ 1800	D	36—< 52	9—< 14
		E	52—< 65	9—< 14
		F	65—< 80	14—< 16

美国联邦航空局（FAA）采用机场基准代号对机场进行分类，具体规定见表2。基准代号主要根据机场所能接纳飞机的进近速度类别和设计机群类别来确定。其中，进近速度是指对应机型类别在跑道入口失速速度的1.3倍。

表2 FAA 机场基准代号

要素 I		要素 II	
进近速度类别	进近速度（knot）	设计机群类别	飞机翼展（m）
A	< 91	I	< 15
B	91—< 121	II	15 —< 24
C	121—< 141	III	24 —< 36
D	141—< 166	IV	36 —< 52
E	≥ 166	V	52 —< 65

需要说明的是，表1的A、B、C、D、E、F和表2中的A、B、C、D、E都是机型分类，但分类依据完全不一样。表1中基于飞机几何特性（翼展和主起落架外轮距）进行分类，主要用于机场规划；表2中基于飞机性能（进近速度）进行分类，主要用于空中交通管制和飞行程序设计等。

航站区是容留旅客并实现其地面－空中交通方式转换、衔接的区域，包括航站楼、机坪和地面交通等设施。根据中国《民用机场总体规划规范》，航站区规模用航站区指标1、2、3、4、5、6来表征。指标值根据年旅客吞吐量进行划分，如表3所示。

表3 航站区指标

指标	年旅客吞吐量 P（万人次）
1	P < 50
2	50 ≤ P < 200
3	200 ≤ P < 1000
4	1000 ≤ P < 2000
5	2000 ≤ P ≤ 4000
6	P > 4000

◆ 选址

民航运输的发展，有赖于数量、分布和规模合理的民用机场系统。民用机场系统的形成，则有赖于科学合理的机场建设。民用机场建设涉及区域机场布局规划、机场选址、机场规划设计和建设施工。

民用机场选址，是机场建设的前期工作，但对后期机场建设和机场运行具有重要影响。机场选址须符合国家的机场布局规划。所选场址，应首先保证环境适航，即场址的净空、气象、空域、生态、电磁环境等条件适合飞行、满足安全要求；场址与邻近的民用、军用机场不存在运行冲突和安全隐患；场址与城市距离要适中，既不能太靠近市中

昆明民用机场

心以致对城区造成航空噪声等不利影响，也不能离城市太远而不便于居民航空出行；场址应既能满足机场近期建设需要，也能满足机场远期发展需求，从而避免未来机场不必要的搬迁；场址的工程地质、水文地质等条件良好，地形、地貌适于机场建设，土石方工程量相对较少，有利于减少和控制建设投资；场址应具备建设机场导航、供油、供电、供水、供气、通信、道路、排水等设施、系统的条件；场址能够满足环境保护及水土保持等要求；建设项目所导致的拆迁量、工程量相对较小，工程投资经济合理。

◆ **总体规划**

民用机场总体规划是机场不同发展阶段的设施与布局方案，是机场分期建设的指南和蓝图。科学合理的民用机场总体规划，对达成机场发展定位、实现机场容量与运输需求的良好匹配、促进机场可持续发展及其与周边区域的协同发展具有重要意义和作用。

机场总体规划应遵循"一次规划、分期建设、滚动发展"的原则。机场总体规划主要工作包括：①预测机场航空业务量，包括机场近、远期的年旅客量、机型组合、起降架次等，为确定合理的设施规模提供依据。②确定机场飞行区构型，即跑道、滑行道和机坪、机位的数量、布局及其分期发展安排。③土方和地基工程设计，包括竖向设计、地基处理等。④机场道面设计，包括跑道、滑行道、机坪的道面几何设计、道面选型、结构设计等，大型机场还可能涉及滑行道桥的设计。⑤机场排水工程，包括地形分析、降水量/洪水和汇流计算、排水/调蓄方案制定、管涵明渠等排水构筑物设计等。⑥机场供电和目视助航设施设计，包括供电负荷计算，变电站、灯光站布置，助航灯光系统（进近灯、跑道灯、滑行道灯系统和机坪照明）设计，标记牌、道面标志设计等。⑦机场供油设施设计，包括储油库、航空加油站、机坪加油管线、特种车辆加油/加气/充电站等。⑧消防救援设施设计，包括消防站、消防执勤点、医救站设施等。⑨机场围界、门禁等安防设施设计。⑩飞行区服务保障设施设计，如场务、机务、地面服务等设施。⑪航站楼设计，涉及功能区布局、建筑面积匡算、建筑方案和构型设计、旅客业务流程（值机、安检、联检等）设计、行李系统设计、商业/餐饮/商务/服务设施设计、航站楼结构和建筑设备（照明、空调、给排水、消防）设计、航站楼弱电系统（离港系统、航班信息显示系统、广播系统、安检信息系统、门禁系统、综合布线系统等）设计等。⑫机场空管、气象、通信导航设施设计。⑬机场陆侧交通系统设计。为了使旅客能快捷地进、出机场，机场与其所服务城市或区域之间必须建立快捷的陆侧交通联系。现代化机场往往拥有多种陆侧交通方式，如公路、轻轨、地铁、磁悬浮、铁路、水路，甚至利用直升机进出机场。现中国大部分民用机场的陆侧交通工具主要是汽车。为此，机场在航站楼附近要设有合理的进出场道路系统和停车场或停车楼。

◆ 运行管理

民用机场运行管理涉及空中交通管制、场地和环境保障、地面勤务保障、旅客与货物处理、陆侧交通管理等。空中交通管制，主要为飞机提供从航路到机场、从机场到航路的空中交通指挥和场内地面活动指挥。场地和环境保障，主要是确保机场道面适航，确保机场运行环境如净空、生态环境（鸟击防范）和电磁环境安全。地面勤务保障主要是安全有序地组织上下旅客、装卸货物以及对飞机进行加油、充电、加水和机务检查维修保障。旅客与货物处理，包括值机、安检、配载等，主要在航站楼或货运站内进行。

机场安全管理和机场服务质量管理是机场运行管理的两大核心内容。机场安全管理分为运行安全管理和空防安全管理。运行安全管理旨在确保机场设施状态达标、人员操作符合规章；空防安全管理旨在预防和制止人为干扰、破坏民用航空的行为或犯罪。机场服务质量管理旨在保证针对航空公司、旅客和货主（代）的各种服务质量不低于规定标准，如飞机地面保障时间、旅客安检排队时间、安检员漏检率不超标等。

◆ 发展趋势

民用机场既是国家综合交通的重要组成部分，也对国家经济和社会发展产生深远影响。大型机场吸引的海量人流、物流、信息流及其所具备的客、货转移能力，使机场对周边区域乃至整个城市的经济辐射、影响力逐渐增强。随着航空城、临空经济的迅速发展，形成了以民用机场为核心，集航空运输、物流、商贸购物、旅游休闲、工业开发等多项功能于一体的大型机场综合体，带动相关产业集群，实现了航空产业与地区经济发展的有机融合。

截至2017年底，中国境内民航颁证机场共计229个（不含中国香港、澳门和台湾地区），其中定期航班通航机场228个，定期航班通航城市224个。通用航空机场和临时起降点300余个。据统计，2017年美国有机场19930个，其中私人机场14451个、公共机场5202个。公共机场中，获美国联邦航空局（FAA）认证机场（相当于中国的颁证运输机场）560个，其余4642个为通用机场。考虑到中美两国幅员相近、中国人口更多的事实，中国不论是运输机场，还是通用机场的发展都还存在巨大潜力。

随着国民经济的发展，中国民用航空在交通运输中将愈来愈占有重要地位，民用机场作为支撑民航运输体系的重要基础设施势必获得长久而稳定的发展。民用机场的规划设计、施工建设和运行管理，将朝着更加人性化、智能化和绿色低碳的方向发展。

运输机场

运输机场是指提供公共航空运输服务的机场。是民用航空运输的重要基础设施。

◆ 分类

基于不同角度，运输机场有多种分类方法。根据航线性质，运输机场可分为国际机场和国内机场。相对国内机场，国际机场要增设政府联检设施，即"一关三检"（海关，边防检查及卫生和动、植物检疫）。按在国家民航和区域经济中的功能定位，可分为枢纽机场、干线机场和支线机场。枢纽机场是轮辐式航线网络的核心节点，通过密集航线、高比例中转和航班波运作，实现快捷、便利的中转衔接。枢纽机场通常具有区位优越、航线资源丰富、设施完备和辐射影响力大等特点。干线机场在中国是指省会、自治区首府或重要旅游、开放城市机场，以国内航线为主、兼有少量国际航线，能全面建立跨省 / 区的民航运输。支线机场是指运量较小的机场，通常分布在各省 / 区地理位置相对偏远的地区，其航线通达本省 / 区干线机场或临近省 / 区机场。根据中国民航有关标准，支线机场年度客运量一般在 50 万人次以下，主要起降短程飞机，航程为 800 ～ 1500 千米。按航空业务量规模，民航运输机场可分为超大型机场、大型机场、中型机场和小型机场。超大型机场，是机场旅客吞吐量在全国民航旅客吞吐总量的占比 $R \geqslant 4\%$ 的机场；大型机场，是 $1.5\% \leqslant R < 4\%$ 的机场；中型机场，是 $0.2\% \leqslant R < 1.5\%$ 或吞吐量＞300 万人次（以小者为准）的机场；小型机场，是 $R \leqslant 0.2\%$ 或吞吐量＜300 万人次（以小者为准）的机场。根据所服务城市的性质、地位，可将机场划分为 I 类、II 类、III 类、IV 类等。在中国，于上述运输机场中开展运营的航空运输承运人须符合中国民航 CCAR-121 部《大型飞机公共航空运输承运人运行合格审定规则》的要求。

美国联邦航空局（FAA）在《国家机场综合系统规划》（NPIAS）中，将民用机场分为主要机场（primary airports）和非主要机场（nonprimary airports）两类。其中，主要机场就是运输机场，非主要机场是通用机场。美国将主要机场进一步划分为大型枢纽机场、中型枢纽机场、小型枢纽机场和非枢纽机场。

◆ **建设与运行**

在中国，民用机场的建设和运行，须遵循国际民航组织发布的《国际民航公约》附件14《机场设计与运行》的规定，以及中国民航发布的《民用机场建设管理规定》《民用机场使用许可规定》《民用运输机场飞行区技术标准》《民用机场运行安全管理规定》等一系列规章和标准。中国民用机场实行使用许可制度，运输机场只有取得中国民航局颁发的"使用许可证"方可开放运行。

◆ **主要设施**

运输机场的主要设施包括：跑道、滑行道、机坪，目视助航设施，航站楼，货运设施，空中交通管理设施（管制塔台、通信导航、气象、情报），供油设施，机务维修／保障设施，消防救援和医疗救护设施，陆侧交通设施，等等。其中跑道、滑行道和机坪为机场道面，用于飞机的起飞、着陆、滑行和驻留、停放。机坪上设有机位，是开展客货运输组织和飞机地面勤务保障的场所，包括上下旅客、装卸货物、加油、加水、充电、配餐和机务检查维修等。航站楼主要用于处理旅客和行李，实施值机、安检、政府联检、候机／登机等。通信导航

香港运输机场航拍

和目视助航设施是机场重要的交通信息系统，包括：导航设备（无方向性信标台 NDB、全向信标台 VOR、测距台 DME 等），精密进近雷达，仪表着陆系统（航向台、下滑台和指点标台），助航灯光、标志和标记牌等。供油设施的主要任务是为飞机加注燃油，通常包括卸油、储油和加油（如加油车、加油栓、加油井）等设施。运输机场的陆侧交通设施，旨在实现地面与空中交通的转换，包括航站楼进出港车道和车道边、停车楼、轨道交通接驳设施等。

随着民航运输业的发展，大型繁忙运输机场在提供快捷远程交通服务、构建城市立体综合交通和促进城市经济发展等方面的作用日益增强，并由此生发、带动城市临空经济的发展。

通用机场

通用机场是指为从事农、林、牧、渔作业以及工业、医疗救灾、文化体育及低空旅游等飞行活动的民用航空器提供起飞、降落等服务的机场。

中国国内典型通用机场包含跑道、机坪、围界及通信导航等设施。机场内的灯光、标志标识及消防等设施需符合《民用机场飞行区技术标准》（MH 5001—2013）。

2017 年 4 月，中国民用航空局发布《通用机场分类管理办法》（民航发〔2017〕46 号），对通用机场实施分类分级管理。按照通用机场是否对公众开放分为 A、B 两类。A 类为对公众开放的通用机场，允许公众进入以获取飞行服务或自行开展飞行活动；B 类则为不对公众开放的通用机场。

通用机场为通用航空市场的发展创造了条件，具有突出的经济效益和社会效益。通用机场不仅为通航飞行提供起降服务，也能够直接促进通航维修、航油、航材等一系列通航保障行业的发展，同时相应地吸引航空制造、航空租赁等高新技术产业的汇聚，对于社会经济发展具有重大意义。

机场容量

机场容量是指在一定时间段内，机场能够容纳航空器运行的最大频次（一般以高峰小时的航空器运行次数计），以及能够接纳的旅客吞吐量（一般以年计）。

机场容量主要由候机楼设施、跑道系统和终端区（TMA）系统因素决定。具体来说，它主要受到机场跑道、滑行道、停机位、机场间进离场航线、航空器性能、航线流量、终端区内扇区间的耦合等约束。在这些约束条件下，终端区内单个机场单位时间内所能提供的最大航班服务架次就是机场容量。可以从时间维度和实际运行两个方面进行界定。

◆ **时间维度**

从时间维度上来说，机场容量可以分为机场小时容量和机场年容量。

①机场小时容量。在一定时间阶段内，机场能够容纳航空器运行的最大频次。一般以高峰小时的航空器运行次数计。

②机场年容量。在一定时间阶段内，机场能够接纳的旅客吞吐量。

一般以年计。

◆ **实际运行**

从实际运行角度上来说，机场容量包括理论容量（又称极限容量）、实际容量和计划容量。

①理论容量。在不考虑服务质量的情况下单位时间（通常为1小时）内跑道系统允许航空器起飞和着陆的最大架次。

②实际容量。在考虑达到或高于某一指定服务质量标准时的最大交通流量。服务质量标准是在保证安全的前提下航空器起飞或着陆的平均等待时间。

③计划容量。根据机场的实际情况按10分钟或1小时的时间段规划出一周内每小时的进场、离场和总计的飞行最大容量。主要用于安排航班的飞行时刻和控制某机场的流量。

机场飞行区

跑 道

跑道通常指陆地机场供飞机起飞、着陆的场地。是机场最重要的基础设施和服务资源。起飞的飞机通过在跑道上加速滑跑获得不断增大的升力而离地升空，降落的飞机则通过接触跑道后减速滑跑降低升力而实现平稳着陆。

跑道是随着飞机的发展而不断变化和完善的。早期的飞机机身小、重量轻，跑道就是一块不大的土面场地。由于小飞机抗侧风能力差，为提高使用率，起飞着陆场地常常为方形或圆形。随着航空制造业的进步，飞机载运量和重量越来越大，对机场跑道的技术要求越来越高，跑道规模也日益增大。大型现代化运输机场的跑道长度可达 3000 ～ 4000 米，宽度（不计道肩）可达 45 ～ 60 米。

一个机场的跑道布局，涉及跑道的数量、方向和几何关系确定。跑道方向，主要根据场址主导风向确定，旨在获得最大的跑道时间利用率。跑道长度，根据机场设计机型、航程、机场标高、机场基准温度、场地地形和坡度等因素确定，须满足设计机型的起飞、着陆场地长度要求。跑道宽度，主要考虑机轮滑跑安全和对机翼的保护，根据机场基准代号（代码和代字）确定。机场跑道数量，主要由机场的飞机起降架次需求、机型组合、场地规模和条件、通信导航设施和空中交通管制方式等确定。大型机场往往有多条跑道，如中国北京首都国际机场 T3 航站楼、广州白云国际机场等都有 3 条跑道，上海浦东国际机场有 5 条跑道。美国洛杉矶机场有 4 条跑道、丹佛机场有 6 条跑道。机场有多条跑道时，平行布局最为常见。根据跑道中线之间的间距，可分为近距跑道、远距跑道等。根据跑道入口的位置关系，可分为入口平齐、入口错开两种情况。多跑道除了平行布

南昌瑶湖机场已建成的机场跑道航拍
（2018 年 1 月 16 日）

局，还有交叉、V 形等构型。跑道数量和布局对机场的运输服务能力、运行效率、安全性和占地规模、运行方式等有重要影响。

为保障飞行安全和使用性能，对跑道的强度、刚度、平整度、摩阻性和设计寿命等均有严格的技术要求。跑道道面一般为层状结构物，由面层、基层、压实土基构成。跑道强度表征其承载能力，通常以道面等级号 PCN 表示。当飞机等级号 ACN 小于或等于 PCN 时，该飞机可无限制地使用跑道；否则，则不能使用或限制使用。为保障起降滑跑安全，防止飞机冲出、偏出跑道，跑道表面须具有良好的摩阻性。在道面施工中，提高道面表面纹理深度、拉毛刻槽，机场运行中及时除胶、除冰雪、防止积水等，是有效提高跑道摩阻性的方法和措施。良好的跑道平整度可有效减少飞机滑跑时的振动荷载、提高飞机乘员舒适度。道面高程符合设计要求、道面状况完好，是保持跑道良好平整度的关键。

按建筑材料，跑道道面可分为低级道面（如土道面）、中级道面（如沥青碎石道面）和高级道面。现民用运输机场广泛采用高级道面（又称刚性道面），即水泥混凝土道面和沥青混凝土道面。根据中国民航规范，机场刚性道面的设计寿命一般为 20～30 年、柔性道面的设计寿命一般为 15 年。

滑行道

滑行道是指在陆地机场设置供飞机滑行并将机场的一部分与其他部分之间连接的规定通道。

◆ 功能

滑行道主要功能是以实际可行的最短距离连接机场的各功能分区

（飞行区、航站区、货运区、停机坪、机务维修区及其他保障区域等）。

对于陆地机场而言，凡是机场内飞机需要到达的区域就必须通过滑行道进行连接。为使飞机运行安全、高效，应根据需要设置各种类型滑行道，滑行道的新建和增建可以根据机场发展规模分期逐次建设完成。各种类型滑

深圳宝安国际机场内一架中国国际航空公司波音 737 客机在滑行道上准备出发（2019 年 3 月 4 日）

行道、滑行道道肩和滑行带共同组成了滑行道系统。其中滑行道类型主要包括：主滑行道、进出口滑行道、机位滑行通道、机坪滑行道、绕行滑行道、水上滑行道等。

◆ 组成

主滑行道一般与跑道平行，也称为平行滑行道。

进出口滑行道多是连接跑道与主滑行道或者机坪的滑行道，因此又称联络滑行道。它是沿跑道的不同位置设置的若干滑行道，联络滑行道大多与跑道正交，为加快飞机进、出跑道，提高运行效率，应设置足够的入口和出口滑行道。例如，出口滑行道与跑道锐角相接，滑行道与跑道的夹角为 25°～ 45°，建议 30°，旨在使着陆飞机尽快脱离跑道，因为可以允许飞机以较高速度滑离跑道，所以又称快速出口滑行道。当航班密度较高时应考虑设置。快速出口滑行道一般禁止飞机从此进入跑道。

机位滑行通道和机坪滑行道实际均在机坪上，机位滑行通道是指飞机从机坪滑行道脱离进入机位之前的通道，除机位滑行通道外，在机坪内的滑行路线称为机坪滑行道。

绕行滑行道是指当运行需要时设置的、以减少飞机穿越跑道次数的通道。

水上滑行道（taxi channel）指供水上飞机在岸线设施和水上跑道之间滑行的通道。设置在水上跑道至锚泊区或岸线设施（如码头、斜坡道）之间。

◆ 规定

道面宽度应使滑行飞机的驾驶舱位于滑行道中线标志上，飞机的主起落架外侧主轮与滑行道道面边缘之间保留足够的安全净距。滑行道的强度至少应等于它所服务的跑道的强度，并适当考虑滑行道同其所服务的跑道相比，要承受更大的交通密度和因飞机滑行缓慢及停留而产生更高应力的因素。

为保证飞机运行安全，各类型滑行道间及其与邻近障碍物间必须有足够的安全间距，滑行道与跑道之间、两条平行滑行道之间和滑行道与固定障碍物之间必须符合中国《民用机场飞行区技术标准》（MH 5001—2021）的最小净距规定。

滑行道道肩一方面应能避免涡轮发动机吸入石子或者其他松散物体损坏发动机，另一方面应能防止发动机气流吹蚀滑行道两侧附近的土质地区。滑行道道肩宽度应符合中国相关法规规定。

滑行带是滑行道中线两侧一块特定的场地，用以保障飞机在滑行道上安全运行，并在飞机偶然滑出滑行道时减少损坏的危险。滑行带内不应有危害航空器滑行的障碍物。

机　坪

机坪是指机场内停放航空器的区域。通常在该区域内进行航空器上下客货、业务保障（加油、供电、空调、配餐、清水、保洁等）以及维修作业等业务活动。

◆ 概念内涵

根据《民用机场飞行区技术标准》（MH 5001-2021）的定义，机坪（apron）指机场内供航空器上下旅客、装卸邮件或货物、加油、停放或维修等使用的一块划定区域。

成都双流机场停机坪上的飞机
（2018 年 4 月 23 日）

◆ 主要内容

随着机场规模和业务量不断增长，飞行区运行日趋复杂。机坪作为航空器保障作业与维护的重要活动区域，也成为飞行区中航空器、保障车辆与人员最为密集的区域。根据区域划分有站坪、客机坪、货运机坪等；根据功能或用途还有除冰坪、维修机坪、隔离机坪等。

站坪

站坪（ramp）在《民用机场飞行区技术标准》（MH 5001-2021）未有明确定义，该称谓在航空业内一般特指航站楼空侧设置近机位并提供保障服务的区域。该区域是提供登机桥靠桥服务、上下旅客、进行行李和货物的装卸、地面保障设施和保障车辆实施飞机地面服务等保障工作的场所。站坪的大小主要与航站楼空侧机门位数量、飞机的停靠方式、机位尺寸以及高峰小时起降架次等因素有关，还要充分考虑保障车辆和保障设施所需要的作业空间。在机场规划设计中，站坪的设计与航站楼的具体形式密切相关，站坪的尺寸和近机位的数量对机场的运行效率和服务质量起到非常重要的作用。

货运机坪

在有货运航班或者货运量较大的机场，需要有专门处理空运货物陆空转换的货运站和装卸货物并完成其他保障服务的货运机坪。随着航空货运业务量持续快速增长，货运机坪的位置、大小及保障设施都要充分适应机场战略规划和对货运发展的预期。

除冰坪

北方机场为集中高效地对等待起飞的航空器除冰，而在机场跑道的两端设置的一块机坪，被称为除冰坪。所有需要除冰的飞机在起飞之前，集中到除冰坪进行除冰。该区域是由内外两个区域组成的一块场地，内区供接受除冰、防冰的飞机停放，外区供除冰防冰移动设备运行。除冰坪的数量应根据机场气候条件、飞机的类型、使用除冰防冰液的方法以及飞机出港流量等因素确定。除冰坪除冰既可以保障除完冰的飞机在第一时间起飞，避免了较长时间地面运行导致二次结冰的问题；也便于在除冰坪位置设置除冰液回收设施，减少除冰液的排放，避免大量除冰液流入机场周边水体造成环境污染。

维修机坪

维修机坪是为飞机检查及各种维修活动而提供的专用场地。按工作内容可分成机库维修机坪、远机位维修机坪、过夜机坪、飞机清洗机坪和发动机试车机坪等。机库维修机坪是机务部门对故障飞机进行维护修理和定期检修 / 大修的专用场所，一般特指机库门前的区域，是飞机进入机库开展维修的必备条件。远机位维修机坪是指基地航空公司处置紧急排故、短时维修等情况所设置的固定停机位。飞机清洗机坪是指对运营的航空器进行定期清洁和外观保养的固定和专用机位。发动机试车机坪是各类航空器维修、排故发动机试车的专用场地，主要考虑维修过程中或者维修完成后飞机发动机试车时气流对发动机后方的吹袭影响，可能对停放或滑行的飞机、地面设备和工作人员造成威胁。发动机试车机坪的使用频率不是很高，可与飞机清洗机坪、隔离机坪一并布置，同时具备多重功能更为经济。

隔离机坪

隔离机坪（又称隔离机位）对已经或可能受到非法干扰的航空器，或由于其他原因需要与正常的机场活动相隔离的航空器，应指定一个隔离的停放位置，或将适宜停放该航空器的地段通知机场的管制塔台。隔离的航空器停放位置距离其他航空器停放位置、建筑物或公共地段等应尽可能远，且应不小于 100 米。该停放位置不应位于煤气管道、航空燃油管道等地下公用设施之上，并应尽量避免位于地下电力或通信电缆之上。

机坪布局应根据机坪的类别、飞机的类型和数量、飞机停放方式、飞机间的净距、飞机进出机位方式等各项因素确定。机坪表面应平整，机坪停放飞机的净距应满足《民用机场飞行区技术标准》（MH 5001—2021）中的最小安全净距的规定值。必要时，机坪上还应设置服务车道。因机坪长期停放航空器且航空器和保障车辆行走路线较为固定，沥青混凝土道面容易出现车辙和轮印，所以机坪道面主要使用水凝混凝土材料。且机坪道面的强度应能承受使用该机坪的各种机型的荷载。机坪的坡度应能防止其表面积水，并尽可能平坦。机坪中机位区的坡度应不大于1%，宜为 0.4% ～ 0.8%。

助航灯光系统

助航灯光系统是为飞机起飞、降落和滑行等提供目标方向、位置、距离、角度、指令等信息的灯光系统。完成对起飞飞机地面滑行位置、通行禁入、路由及路由边界的指示，对着陆飞机的机场引入、进近、坡度、跑道、滑行路线、启停的指示等。又称灯光助航系统。

助航灯光系统随着飞机从白天飞行、夜间飞行到全天候飞行的需要而逐步发展起来的，经历了从人工摆放马灯、并联白炽灯、串联白炽灯到串联隔离变压器，并用隔离变压器带负载的串联供电和控制的发展过程。

一般包括供电系统、控制与调节系统、监控系统、供电回路、隔离变压器、灯具和标识牌，以及后期发展的单灯故障定位系统、绝缘监测系统、灯光滑行引导系统。民用机场的助航灯光系统按照灯具的位置和作用划分为跑道灯光系统（跑道引入灯、进近灯、PAPI 精密进近坡度指示仪、入口 / 末端等、接地带灯、跑道中线灯、跑道边灯等）、滑行

海口美兰国际机场二期扩建飞行区工程启动助航灯光调试（2019年1月25日18点）

道灯（滑行道边灯、滑行道中线灯、停止等待灯等及相关标记牌）、机坪灯（机坪边灯、机坪滑行道灯、泊位指示灯等及相关标记牌）、障碍物灯（高、中、低光强及其闪光灯）等。灯具分为立式灯具和嵌入式灯具两类，在技术允许的前提下，立式灯具有往嵌入式灯具转变的趋势，使用发光体从白炽灯、卤素灯发展为发光二极管（light emitting diode；LED）。

技术要求用4C表述，即灯光的构型（configuration）、颜色（color）、坎德拉（光强，candela）、有效范围（coverage）等4个方面。

塔　台

塔台是指在机场或航空港设立的、提供空中交通管制服务的空中交通管制设施。为指挥飞机滑行、起飞、着陆和实行空中交通管制提供便利。又称管制塔台、指挥塔台、控制塔。

◆ 运行模式

塔台的高度通常需要超越机场内其他建筑，以便让

北京首都国际机场T3航站楼塔台外观

航管人员能看清楚机场四周的动态。完整的塔台建筑，最高的顶楼通常是四面皆为透明的窗户，能保持 360 度的视野。流量较大的机场，通常会有能容纳许多航管人员和其他工作人员的空间，塔台也会保持每天 24 小时开放。在其中设有电台，担任地面与空中的联系。北京首都国际机场 T3 航站楼塔台外观如图所示。

◆ 主要作用

为使机场和机场附近的空中交通安全、有序和快速，塔台需要向其管制下的航空器发布情报和放行许可，以防止在下列情况下发生碰撞：①在机场塔台指定的职责范围内，包括机场起落航线上飞行的航空器之间。②机动区内运行的航空器之间。③着陆航空器和起飞航空器之间。④航空器和在机动区内运行的车辆之间。⑤机动区内的航空器和该区内的障碍物之间。

◆ 主要职能

塔台的管制职能可由不同的管制或工作岗位人员履行，通常有以下几个方面：①机场管制员。通常负责跑道的运行和在机场塔台职责范围内飞行的航空器。②地面管制员。通常负责跑道以外的机动区的交通。③放行许可发布岗位人员。通常负责发放启动时间和离场的仪表飞行规则（IFR），飞行的空中交通管制（ATC）放行许可。

机场航站区

机场航站区是航空旅客和货物运输的陆、空交换区域的统称。由旅客航站楼建筑及周边的站坪、货运服务区、停车楼、道路系统等设施所涉及的区域组成。

机场航站区是地面与空中两种不同运输方式进行转换的场所，是组织旅客、行李、货物、邮件上下飞机的客货运输服务区。以安全检查和隔离管制为界限，可将该区域划分为陆侧和空侧两部分。由于该区域以航站楼为核心，故称其为航站区。

◆ **基本功能**

航站区的基本功能包括：①在航空运输工具和地面运输工具之间提供有形的联系，使交通模式转换变得更加便捷。②为进出机场的旅客及货、邮办理相关手续。包括售票、办票、货邮交运与提取、安全检查与管理以及政府联检。③有效处理客货进出机场模式转换的需求。

广州白云机场 T2 航站楼建筑及商业街

在航空运输业发展初期，机场仅是一块能供飞机起降的场地，几乎没有供旅客乘机用的建筑物。20 世纪 30 年代，DC-3 类型飞机用于运输，开始有条形道面和候机室，但规模很小且简陋。随着机场规模的扩大，航空业务的增长，运输转换的凸显和服务质量的提升，航站区逐渐成型，占地面积日趋增大。目前，全球许多大型繁忙机场仅航站楼的建筑面积就高达几十万甚至上百万平方米。

◆ **意义和影响**

作为机场三大核心区之一,航站区规划设计对于航空运输服务质量、运行效率的提升及经营成本、建设投资的控制等均有重要意义。在规划建设航站区时,应力求做到:合理确定航站区各期建设规模,使其适应客货运输需求;统筹安排航站楼、站坪、货运服务区、停车楼等设施的空间布局,并预留未来改扩建空间;合理选择航站区与跑道的相对位置,尽量缩短飞机的滑行距离,以利于提高机场运行效率,节约航空油料;航站区空侧便于飞机和地面服务车辆的安全、顺畅、高效行驶及保障作业;航站区陆侧便于交通组织,确保车辆交通方便、快捷和有序,并与城市地面交通系统有良好的衔接;航站区选址应确保地势开阔、平坦,排水条件良好。

航站楼

航站楼是机场用于接待乘客、办理乘机手续、托运行李、上下飞机以及进行空中交通换乘的主要场所。又称候机楼。

航站楼通常由离港区和到港区两个公共空间组成,包括:公共大厅、

上海浦东国际机场 T1 航站楼

服务中心、候机厅、行李托运、行李提取、检票柜台、安全检查区等。国际机场的航站楼内还设有海关、边防和检验检疫部门。此外,航站楼内还有相当面积的办公区域。小型机场通常只有一

个航站楼，而大型机场则会根据服务对象、使用功能等设有多个航站楼，部分大型机场还设有城市候机楼。

早期航空运输企业在机场只建有一些简易房屋或通道接待航空旅客。20世纪50年代以来，随着机场规模、运营机型、旅客需求的不断扩大，航站楼的规模和功能也逐渐增加，大型繁忙机场航站楼已从单一交通建筑发展成为集交通枢纽、驻场办公、商业中心等多功能为一体的多元交通设施。

航站楼建筑规模、布局构型等在一定程度上影响了机场的服务质量与运行效率。在全球许多地区，航站楼已成为当地的标志性建筑，不仅是所在国家和地区形象的表达，也是科技、文化、环保等要素集中的体现。

卫星厅

卫星厅是与进出机场城市道路隔绝，通过捷运系统与主航站楼相通，且将值机和行李处理集中布置在主航站楼，具有固定的登机口和服务设施的候机厅。

卫星厅可以同时停靠多架飞机，提供候机与登机服务。建筑构型可以是方形、椭圆形、六角形、多边形或十字形等多种形状。

为了有效拓展航站楼容量，增加近机位数量，提高机场服务质量，从20世纪60年代开始，卫星厅概念被引入到

北京国际机场 2 号航站楼卫星厅鸟瞰

航站楼设计之中。现有许多大型机场采用了主航站楼加卫星厅的建造模式。例如美国的奥兰多国际机场（Orlando International Airport）、亚特兰大国际机场（Hartsfield-Jackson Atlanta International Airport）和中国的上海浦东国际机场等。英国伦敦盖特威克机场（London Gatwick Airport）是世界上第一个拥有卫星厅的机场。之所以称为卫星厅，是引用了宇宙间卫星和行星的关系，借以表明它对主航站楼的依附关系。

航站楼容量

航站楼容量是指在满足相应服务标准条件下，高峰小时内机场航站楼能够接纳的旅客数量。

◆ 词源

航站楼容量一词源于机场建设，是其规划设计的核心指标，它不但决定了航站楼的建设用地、规模和造价，更决定了服务水准、能源消耗及运行费用等。

◆ 基本内容

因航站楼的主要服务单元包括：票务、值机、安检、候机厅、其他公共区域等，故航站楼容量取决于每个服务单元的接纳能力。在确定每个单元的接纳能力时，应力求高峰小时旅客数量的客观准确及诸个单元接纳能力的相互匹配，降低容量偏差与瓶颈效应。

航站楼内景

◆ **影响因素**

大型繁忙机场航站楼设计容量的确定是一项非常复杂的工作，不仅取决于各个服务单元的容量，也受陆侧交通、停靠机型、近远机位数量及跑滑系统等诸多外部因素的影响，尚无公认的系统方法可以套用。国内外的相关设计机构大多采用计算机模拟仿真与经验类比相结合的确定方法。

机场捷运系统

机场捷运系统是指机场航站楼间的无人自动驾驶、立体交叉或环形路线的电驱动机场旅客快捷运输系统。又称自动旅客捷运系统。

◆ **概念形成**

机场捷运系统起源于 1924 年在伦敦建造的永不停止铁路（Never Stop Railway），它采用机械控制车速并在环形轨道上循环运行多节车厢。后来机场开始建设在航站楼之间、航站楼和停车场之间等旅客主要运输途径间的循环或往复的、短时间间隔的轨道运输系统，运行特征与地铁系统类似，通常会与其他轨道、道路运输设施通过楼梯、扶梯、自行步道等相衔接，以方便机场旅客的转程和进出，是很多枢纽机场内部的重要运载设施，已成为经停、中转旅客和进出港旅客移动的快捷方式。因为机场的规格不同，运行间隔较小，旅客捷运系统车厢数量一般不多，也有数量较大的小型列车车厢串接而成。大运力的、较长距离的旅客捷运系统具有大型运输系统的自动化程度和安全运行保障的技术特征。

◆ **基本内容**

机场捷运系统分为无人驾驶和人工驾驶，早期的为人工驾驶，现代的多为无人驾驶，发展趋势是全自动无人驾驶运行模式。系统的管理是通过运行计算机获取各种传感器的路况和位置信息来控制速度，按照计算机程序控制列车停靠和车门启闭，完成相关的信号、状态和数据的处理和记录，做到运行完全处于无人状态。驱动系统形式有：电动机驱动、（磁悬浮）直线型电机、卷扬机加缆索等。按照轨道高度可分为地面、空中悬挂和地下，也不乏两种和三种混合的模式。从运行轨迹控制上可分为单轨、双轨、橡胶轮加导向轨、橡胶轮加侧边导向轮、侧向橡胶轮加电磁加力导向等多种方式。轨道

北京首都国际机场捷运系统

支撑的行驶平稳，但有冲击力和撞击噪声；橡胶轮支撑的行驶有震动和晃动，但冲击力和撞击噪声小。

中国国内最早的机场捷运系统是北京首都国际机场 T3 航站楼捷运系统（APM）。现在国内外很多大中型国际机场都在运行和建设该系统。

行李传送系统

行李传送系统是指贯穿旅客行李的接收、分拣到运送、装入飞机行李舱，以及卸离行李舱到候机楼行李提取处全过程的输送系统。是民航

旅客行李处理服务的重要设备设施。包括值机柜台行李传输带、输送传输带、分拣系统、输出堆放传输带、集货区、平板车、拖车和传输带车等设备系统等。又称行李处理系统。

旅客在值机柜台交运行李时，将旅客身份、航班、行李相关的信息录入，转换成可读取信息的行李标签，贴有标签的行李通过值机柜台行李传输带进行安检、外形、重量等检查后输送到包含分拣功能的行李传送系统。行李分拣系统分人工和自动模式，大型枢纽机场多采用自动模式。自动分拣系统（automatic sorting system）是由机、电、光、控技术集成的综合应用系统，包括计算机自动控制、自动识别、分类分拣、输送系统和各种与之衔接的接口或过渡传输装置。

乘客在广州白云国际机场二号航站楼的
行李传送系统旁等待提取托运行李
（2018 年 5 月 19 日）

计算机自动控制系统是自动分拣系统的核心，采集行李的识别信息和系统的状态参数，按照程序和参数（货物的识别码等）及货物的去向控制分拣环节对货物进行自动分类、分配，接口和过渡传输装置按照计算机指令，实现行李的设定传输去向和路由的输送。

自动识别系统采集来自扫描、感应、语音信号和包括重量、尺寸及特殊要求的信号，对行李进行身份确认，信息进入数据系统形成货单和数据报表。自动识别种类很多：数字、条形码、二维码的光电扫描方式，无线射频识别（RFID），以及人工识别键盘或语音输入方式等。自动识别系统安装在所有需要识别的分拣岔口前部，当行李到达一定范围内时，获取行李信息并上传，索取或等待指令进行下一步操作。

分类分拣系统将被确认身份和信息的货物送到主干输送带，再经过类似的识别操作后转入支线输送带，逐级的分类实现货物到达准确目标集货区的分拣，再和各种行李输送设备如拖车、平板车相配合，从集货区将行李送到飞机行李舱。到港飞机的行李经传输带车、拖车、平板车运送到行李提取处的传输带上供旅客认领。分类分拣系统分为多种：垂直式分拣机、交叉式分拣机、滑块式分拣机、翻板式分拣机等。

有了专业输送设备和自动分拣系统配合之后，行李传送系统可以不受气候、时间、人的体力等限制，进行连续、大批量无人化处理旅客行李，在条形码、二维码、无线射频识别等成熟技术基础上形成的高可靠性的生产运行系统，是民航客货运以及先进物流配送行业服务保障的重要设备。

登机廊桥

登机廊桥是机场航站楼与飞机客舱门之间的旅客通道。又称廊桥、旅客登机桥。

位于航站楼墙外，从登机门延伸至飞机客舱门，能为乘客进出机舱提供方便舒适的通道设施。通常由固定段、活动段和舱门对接段三段组成，其中活动段和对接段的连接处由可以升降、旋转的驱动系统带动，以实现其与客舱门的接近和退出。

登机廊桥是在运输机场发展和乘客需求提高的多种需求下促成的产

品。在登机廊桥问世之前，乘客从航站楼走到或摆渡到飞机旁通过客梯登上飞机，航站楼的空间、面积资源出现紧缺时，需要立体使用候机楼的周围资源，下面走车、上面走人的廊桥给出了解决方案，使用登机廊桥可让旅客全天候登机、下机。

登机廊桥固定段端头固定在候机楼登机口处，活动段桥身可以伸缩、左右移动，舱门对接段与活动段在驱动轮和升降机构组成的动力平台作用下适用于各种不同飞机的高度和距离。桥段连接处有控制台来控制舱门对接段的上下、左右移动以实现准确对接，对接段上的折叠棚可向外延伸以紧密地衔接机舱门，可减少天气影响。登机廊桥的驱动轮可在机坪上一定范

南通兴东国际机场 2 号航站楼旅客通过廊桥登机（2014 年 7 月 8 日）

围内移动，常要求停在常用机型停止线上，既不影响飞机泊位且靠桥所需移动距离最短。

北京大兴国际机场

北京大兴国际机场是中国大型国际枢纽机场，北京航空双枢纽之一，京津冀世界级机场群的核心枢纽。简称大兴机场。机场代码 PKX。

◆ 区位与概况

北京大兴国际机场位于永定河北岸，北京市大兴区榆垡镇、礼贤镇与河北省廊坊市广阳区之间。于 2014 年 12 月开工，2019 年 6 月 3 日竣工，

2019年9月25日投入运营。远期规划目标为年旅客吞吐量1亿人次以上，货物吞吐量400万吨。至2025年，满足年旅客吞吐量7200万人次，货邮吞吐量200万吨的规划目标。

◆ 规模与交通

大兴机场本期规划用地面积2698.10公顷，已取得批复项目的建筑面积约562万平方米。主要包括机场工程、空管工程、供油工程和航空公司基地工程等。其中机场工程包括70万平方米的航站楼、"三纵一横"全向构型布局的4条跑道以及相关配套设施。飞行区等级为4F，可起降包括空客A380、波音B747等大型机。

大兴机场是京津冀协同发展中交通先行、民航率先突破的标志性工程，地面交通由高铁、城铁、城市轨道、高速公路等多种交通形式组成，构建了高效便捷、辐射能力强大的"五纵两横"综合交通网络。与机场同步建设的轨道交通工程有京雄城际铁路、城际铁路联络线、北京市轨道交通大兴机场线，规划预留北京市轨道交通R4线，以及北京、河北预留线。与机场同步建设的道路工程有大兴机场高速、京台高速北京段、大兴机场北线高速、大广高速（扩建）等。

与北京中心城区的交通联络：截至2020年，建成2条轨道交通，其中轨道交通大兴机场线连接至草桥（"十四五"期间进一步延伸至丽泽商务区），京雄城际铁路连接至北京西站；建设3条高速公路，除大广高速公路、京台高速公路外，大兴机场高速公路已连接至南五环，将进一步建设延伸至南四环公益东桥。与首都机场的交通联络：通过规划中的城际铁路联络线、北京市轨道交通R4线相连接。

与河北廊坊的交通联络：通过大兴机场北线高速公路、城际铁路联络线连接河北省廊坊市。与雄安新区的交通联络：通过京雄城际铁路、在建的轨道交通 R1 线及京德高速连接雄安新区。与石家庄的交通联络：通过石雄城际铁路（规划建设中），通过跨线运输连接石家庄。

与天津的交通联络：通过津兴城际铁路连接天津西站。

京雄城际铁路、轨道交通大兴机场线、轨道交通 R4 线、轨道交通预留线、城际铁路联络线等 5 种轨道交通线路南北集中穿越大兴机场航站楼，创新地采用航站楼与综合交通站场一体化设计，集约节约用地，实现了"集中换乘、公交优先、立体接驳、无缝衔接"的交通格局。

◆ **功能区划分**

大兴机场航站楼采用五指廊放射构型，陆侧的综合服务楼形同航站楼的第六条指廊，与航站楼共同形成了一个形态完整、特征鲜明的总体构型。航站楼建筑面积约为 70 万平方米，最高点 50 米，候机指廊的平均高度为 25 米。旅客进入航站楼经过安检后，到达最远登机口步行距离不超过 600 米，正常步行时间不超过 8 分钟，优于世界同等规模机场航站楼。

截至 2021 年 6 月，大兴机场运营的城市航站楼有草桥城市航站楼、固安城市航站楼。草桥城市航站楼位于轨道交通大兴机场线草桥站内，占地约 500 平方米，与北京市轨道交通 10 号线、19 号线换乘。固安城市航站楼位于固安科创中心，是大兴机场首家跨地域城市航站楼，占地约 500 平方米。航空旅客在城市航站楼可实现值机、行李安检和托运等业务。

秉承"四型机场"发展理念（即平安机场、绿色机场、智慧机场、人文机场），按照新时代新型大型国际现代化机场标准建设和运营，旨在为旅客提供智能、绿色、便捷、高效的全新体验。

◆ **结构设计特点**

大兴机场航站楼的主体采用了先进的结构体系，核心区屋盖钢结构采用空间网架结构体系，球形节点和杆件组成的巨大屋顶被设计成一个自由曲面，每一个杆件和球形节点的连接都被三维坐标锁定成唯一的位置。

大兴机场航站楼屋顶是世界上跨度最大的钢结构体系，最大结构单元长度 516 米，最大跨度 180 米，悬挑长度 42 米。航站楼屋面核心区的投影面积相当于 25 个标准足球场大小，8 根 C 形柱支撑起 18 万平方米的核心区屋面（C 形柱是大兴机场航站楼建筑与结构一体化设计的核心亮点，由室外屋面连续下卷落地生根而成，因柱身截面形如字母"C"而得名），为旅客提供了大跨度的开敞空间。

大兴机场创新地采用减隔震技术，大幅度提高了航站楼结构的抗震性能。航站楼核心区共设置 1152 个隔震支座，160 个黏滞阻尼器，航站楼地上结构通过隔震层与地下结构隔开，隔震层面积达 18 万平方米，是全球最大的单体减隔震建筑。

北京大兴国际机场航站楼内景　　　北京大兴国际机场外观

◆ **作用与影响**

大兴机场的建成投运，拓展首都北京的航线网络布局，提高国际航线的覆盖范围和频率，为北京加强与世界的联系、促进国际合作交流提供有力保障，为强化北京与全球各地的文化交流搭建了便捷的空中桥梁，同时也为向世界人民展示中国悠久的历史和灿烂的文化提供了重要窗口。建设大兴机场是中华民族伟大复兴的战略抉择，是京津冀区域协同发展的重大举措，是北京"四个中心"建设的重大需要，是新时代民航强国建设的重大谋划，是北京国际航空双枢纽的重大布局。

建设大兴机场大大地减轻了北京首都国际机场的航空运输压力，有利于满足北京地区航空运输新需求；有利于加快民航强国建设新步伐；有利于改变北京南部经济发展相对落后的格局，促进北京南北城区均衡新发展；有利于进一步加快雄安新区的建设和发展，推进京津冀协同发展；有利于促进以首都为核心的世界级城市群建设；有利于更好服务全国对外开放新格局。

大兴机场构建资源要素密集的核心高地，与之相配套的临空工业、加工业、服务业对京津冀三地具有辐射作用，将进一步推动京津冀经济协同发展，打造国际交往中心功能承载区、国家航空科技创新引领区、京津冀协同发展示范区，从而更好地服务于中国经济以国内大循环为主体、国内国际双循环相互促进的新发展格局。

本书编著者名单

编著者 （按姓氏笔画排列）

马　莉	王　维	卢　伟	任新惠
刘　宇	刘光才	刘伟萍	齐险峰
安　然	许东松	李龙海	杨　舟
杨学兵	宋　洋	张　兵	张　越
武勇彦	孟海涛	赵桂红	钟振东
俞　瑾	高建树	彭　峥	谢春生